한국산업인력공단 출제기준에 따른 최신판!!

핵심노트

자동차 정비기능사 산업기사 실기

답안지 작성법

대한민국 국가대표 브랜드

국가자격 시험문제 전문출판

에듀크라운
국가자격시험문제 전문출판

최고의 적중률!! 최고의 합격률!!
크라운출판사
국가자격시험문제 전문출판
http://www.crownbook.co.kr

들어가는 말

필기시험의 문턱을 넘어 이 책을 보고 있는 독자 분들께 축하와 격려의 말씀을 전합니다.

최종 실기시험까지 합격하여 자신의 이름이 새겨진 자격증을 거머쥐고 있는 모습을 떠올리며 실기시험 준비까지 열심히 하시기 바랍니다.

실기시험에서 작업형은 시험 당일 컨디션과 긴장도에 따라 점수가 들쑥날쑥 할 수 있습니다. 그러나 답안지 작성은 그렇지 않습니다. 사전에 성실히 준비하면 만점을 받을 수 있고, 그렇지 않으면 0점을 받을 수 밖에 없습니다. 또한 작업형은 주관적인 기준에 의해 평가되므로 상황에 따라 변수가 있을 수 있지만 답안지 작성은 동일한 기준에 의해 평가되므로 작성법이 맞으면 확실하게 점수를 획득할 수 있습니다. 즉, 답안지 작성에서 점수를 안정적으로 획득해야 합격으로 가는 지름길을 걸을 수 있습니다.

본 수험서는 답안지 작성에 대해 불량사례 위주로 정비 및 조치사항을 수록함으로써 수험자가 가려워하는 부분을 해소하였고, 실제 실기시험에서 많이 출제하는 방식으로 예문을 작성하여 현실성을 더하였습니다. 또한 암기하거나 주의할 사항에 대해 "Tip", "참고"로 표기하여 의미 전달이 잘 될 수 있도록 하였습니다.

답안지 작성 간, 꼭 기억해야할 핵심사항은 다음과 같습니다.

1. 시험위원이 제시한 측정조건을 잘 읽어보라.

   시험장 여건에 따라 측정조건을 임의로 제시하는 경우가 많기 때문입니다. 별도로 측정조건이 주어졌다면 다른 것은 잊습니다. 시험 당일 시험위원이 제시한대로 측정한 것이 답입니다(별도로 측정조건을 제시하지 않았다면 정비지침서에 의거하여 점검 및 측정합니다).

불량사례 위주로 답안지 예문 수록!!
실기시험 그대로 최신 답안지 수록!!
기능사·산업기사 한권으로 끝내자!!

2. 규정값에 쓰인 단위와 조건에 맞추어 측정값을 작성하라.
   이것은 기본 중에 기본입니다. 예를 들어, 저항 측정 시 규정값을 '1~2Ω/20℃'라고 제시했으면 측정값은 'xΩ/20℃'로 단위(Ω)와 조건(20℃)을 모두 작성합니다.

3. 검사항목은 무조건 나오는 문제이므로 암기하라.
   성실히 암기하면 맞출 수 있습니다. 차대번호, 연식 등 검사항목에 해당하는 각종 기준값은 무조건 암기해서 시험장에 갑니다.

4. 답안지에 빈칸이 존재하면 안 된다.
   측정결과, 이상 없더라도 "이상없음", "없음", "정비 및 조치사항 없음" 등을 반드시 작성합니다.

끝으로, 이 책의 필요성에 대해 공감해주시고 출판에 이르기까지 성심껏 도와주신 크라운출판사 관계자 분들께 감사드립니다.

저자 **윤홍수**

출제기준(실기)

직무분야	기계	중직무 분야	자동차	자격 종목	자동차정비기능사	적용기간	2022.1.1.~2024.12.31.
직무내용	자동차의 엔진, 섀시, 전기 · 전자장치 등의 결함이나 고장부위를 진단하고 정비하는 직무이다.						
실기검정방법	작업형			시험시간	4시간 정도		

실기과목명	주요항목	세부항목	세세항목
자동차정비 실무	1. 충전장치 정비	1. 충전장치 점검 · 진단하기	1. 정비지침서에 따라 충전장치를 이해하고 작동상태를 파악할 수 있다. 2. 정비지침서에 따라 충전장치를 점검할 수 있다. 3. 정비지침서에 따라 충전장치의 세부점검목록을 확인하여 고장원인을 파악할 수 있다. 4. 정비지침서에 따라 진단장비를 사용하여 고장원인을 분석할 수 있다. 5. 정비지침서에 따라 벨트장력을 규정값으로 조정할 수 있다.
		2. 충전장치 수리하기	1. 충전장치회로도에 따라 전기의 흐름을 파악하여 수리할 수 있다. 2. 정비지침서에 따라 수리가능여부를 판단하여 수리가 필요한 부품을 확인할 수 있다. 3. 충전장치에 관련된 진단내용에 따라 충전장치를 수리할 수 있다.
		3. 충전장치 교환하기	1. 충전장치의 점검 · 진단결과에 따라 부품 교환 여부를 결정할 수 있다. 2. 정비지침서에 따라 탈거 · 조립절차 계획을 수립하여 장비 · 공구를 준비할 수 있다. 3. 정비지침서에 따라 충전장치를 교환할 수 있다.
		4. 충전장치 검사하기	1. 정비지침서에 따라 진단장비를 활용하여 충전장치를 검사하고 양 · 부 판정을 할 수 있다. 2. 정비지침서에 따라 자동차를 시운전하고 충전장치를 재점검하여 정비결과를 확인할 수 있다. 3. 정비지침서에 따라 작업 후 충전장치의 작동상태와 성능검사를 수행할 수 있다.
	2. 시동장치 정비	1. 시동장치 점검 · 진단하기	1. 정비지침서에 따라 시동장치의 작동상태를 파악할 수 있다. 2. 정비지침서에 따라 시동장치를 점검할 수 있다. 3. 정비지침서에 따라 시동장치의 세부점검목록을 확인하여 고장원인을 파악할 수 있다. 4. 시동장치에 대한 지식을 바탕으로 진단장비를 사용하여 고장원인을 분석할 수 있다.
		2. 시동장치 수리하기	1. 시동장치 회로도에 따라 전기의 흐름을 파악하여 수리할 수 있다. 2. 정비지침서에 따라 교환 · 수리가능여부를 판단하여 수리부품을 확인할 수 있다. 3. 시동장치 진단결과에 따라 시동장치를 수리할 수 있다.
		3. 시동장치 교환하기	1. 시동장치 관련 부품들의 점검진단결과에 따라 부품 교환 여부를 판단할 수 있다. 2. 정비지침서에 따라 탈거 · 조립절차 계획을 수립하여 제조사의 장비 · 공구를 준비할 수 있다. 3. 정비지침서에 따라 시동장치를 교환할 수 있다.
		4. 시동장치 검사하기	1. 정비지침서에 따라 시동장치를 검사하고 양 · 부 판정을 할 수 있다. 2. 정비지침서에 따라 자동차를 시운전하고 시동장치를 재점검하여 정비결과를 확인할 수 있다. 3. 정비지침서에 따라 수리 후 시동장치의 작동상태와 성능검사를 절차대로 검사할 수 있다.
	3. 편의장치 정비	1. 편의장치 점검 · 진단하기	1. 정비지침서에 따라 편의장치를 점검 · 진단할 수 있다. 2. 정비지침서에 따라 편의장치의 회로를 점검하여 고장원인을 분석할 수 있다. 3. 정비지침서에 따라 진단장비를 사용하여 편의장치의 고장원인을 판단할 수 있다.
		2. 편의장치 조정하기	1. 정비지침서에 따라 편의장치를 선택할 수 있다. 2. 정비지침서에 따라 편의장치를 규정값으로 조정할 수 있다. 3. 정비지침서에 따라 조정후 정상 작동 상태를 확인할 수 있다.
		3. 편의장치 수리하기	1. 정비지침서에 따라 편의장치회로도를 분석하여 고장요소를 수리할 수 있다. 2. 정비지침서에 따라 편의장치를 수리할 수 있다. 3. 정비지침서에 따라 편의장치를 수리하여 정상으로 작동되는지 확인할 수 있다.
		4. 편의장치 교환하기	1. 부품들의 점검 · 진단 결과에 따라 교환 부품을 선정할 수 있다. 2. 정비지침서에 따라 편의장치의 탈거 · 조립절차 계획을 수립할 수 있다. 3. 편의장치 관련 부품들의 점검 · 진단결과에 따라 부품을 교환할 수 있다.
		5. 편의장치 검사하기	1. 정비지침서에 따른 작업결과에 대하여 진단장비를 이용하여 편의장치를 검사하고 이상유무를 판단할 수 있다. 2. 정비지침서에 따라 편의장치의 성능에 대한 검사를 할 수 있다. 3. 정비지침서에 따라 검사 후 진단수리 절차를 계획할 수 있다.
	4. 등화장치 정비	1. 등화장치 점검 · 진단하기	1. 정비지침서에 따라 등화장치를 점검 · 진단할 수 있다. 2. 등화장치 회로도에 따라 점검, 진단하여 고장요소를 파악할 수 있다. 3. 정비지침서에 따라 진단장비를 사용하여 고장원인을 파악할 수 있다.
		2. 등화장치 수리하기	1. 정비지침서에 따라 등화장치 진단 · 점검장비를 선택할 수 있다. 2. 정비지침서에 따라 등화장치를 규정값으로 조정할 수 있다. 3. 정비지침서에 따라 등화장치 회로를 분석하여 고장요소를 수리할 수 있다.
		3. 등화장치 교환하기	1. 정비지침서에 따라 진단장비를 사용하여 교환여부를 판단할 수 있다. 2. 정비지침서에 따라 탈거 · 조립절차 계획을 수립하여 장비 · 공구를 준비할 수 있다. 3. 정비지침서에 따라 관련 법규 · 지식과 안전절차를 준수하며 분해, 조립 순서에 맞게 교환 할 수 있다.
		4. 등화장치 검사하기	1. 정비지침서에 따라 측정기 · 육안으로 등화장치를 검사할 수 있다. 2. 정비지침서에 따라 측정기 · 육안으로 등화장치 양 · 부를 판정할 수 있다. 3. 정비지침서에 따라 등화장치의 검사를 통해 정상 작동 상태를 확인할 수 있다.

실기과목명	주요항목	세부항목	세세항목
자동차정비 실무	5. 엔진 본체 정비	1. 엔진본체 점검 · 진단하기	1. 정비지침서에 따라 엔진본체 장치 점검 시 안전작업 절차에 따라 점검 · 진단할 수 있다. 2. 정비지침서에 따라 엔진본체 장치의 세부점검목록을 확인하여 고장원인을 파악할 수 있다. 3. 제조사에 따라 엔진본체 구조 · 장치를 파악하여 고장진단과 점검을 할 수 있다. 4. 차종의 진단 설명서에 따라 진단장비를 활용하여 고장요소를 점검할 수 있다. 5. 제조사별 엔진 종류에 따라 규정값을 기준으로 점검 · 진단을 할 수 있다.
		2. 엔진본체 관련 부품 조정하기	1. 제조사별 엔진종류의 규정값에 따라 엔진을 조정할 수 있다. 2. 정비지침서에 따라 진단장비를 활용하여 규정값에 맞게 조정할 수 있다. 3. 엔진본체장치 부품의 조정을 위해 관련 장비를 사용할 수 있다.
		3. 엔진본체 수리하기	1. 정비지침서에 따른 수리 가능여부를 확인할 수 있다. 2. 정비지침서에 따라 엔진 본체 장치의 구성을 이해하여 규정값에 맞게 수리할 수 있다. 3. 정비지침서에 따라 수리 후 정상 작동상태를 확인할 수 있다.
		4. 엔진본체 관련부품 교환하기	1. 제조사별 엔진 종류에 따라 점검 방법에 맞추어 관련 부품을 교환할 수 있다. 2. 실린더헤드 등 단위부품인 경우 분해 · 조립 계획을 수립하고 관련부품을 교환할 수 있다. 3. 정비지침서에 따른 엔진본체장치 관련 부품의 점검 · 진단결과에 따라 부품을 교환할 수 있다.
		5. 엔진본체 검사하기	1. 정비지침서에 따라 작업 후 엔진본체 장치의 작동상태에 대한 검사를 수행할 수 있다. 2. 정비지침서에 따라 작업 후 엔진본체 장치의 성능에 대한 검사를 수행할 수 있다. 3. 엔진종류에 따라 시운전 · 재점검을 통한 규정값을 검사하여 확인 · 판단할 수 있다.
	6. 윤활 장치 정비	1. 윤활장치 점검 · 진단하기	1. 윤활장치의 점검 시 안전 작업 절차에 따라 수행할 수 있다 2. 윤활장치의 구조 · 특징에 따라 고장원인을 파악할 수 있다. 3. 정비지침서에 따라 관련 부품을 규정값에 맞게 점검할 수 있다. 4. 윤활장치시스템을 확인하고 진단장비를 사용하여 고장원인을 분석할 수 있다.
		2. 윤활장치 수리하기	1. 고장증상에 따라 진단 장비를 활용하여 수리여부를 결정할 수 있다. 2. 진단내용에 따라 윤활장치를 수리할 수 있다. 3. 제어장치 파악 · 회로도 분석에 따라 관련 배선을 수리할 수 있다.
		3. 윤활장치 교환하기	1. 윤할장치의 분해 · 조립 계획을 수립하고 장비 · 공구를 준비할 수 있다. 2. 정비지침서에 따라 윤활장치 관련 부품을 교환할 수 있다. 3. 환경폐기물 처리규정에 의거하여 폐유 · 관련 부품을 처리할 수 있다.
		4. 윤활장치 검사하기	1. 정비, 수리가 완료된 윤활장치를 규정 값에 맞게 검사할 수 있다 2. 오일의 누유 관련 장치를 검사할 수 있다. 3. 검사 후 윤활장치 이상 유무를 판단할 수 있다.
	7. 연료 장치 정비	1. 연료장치 점검 · 진단하기	1. 연료장치의 점검 시 안전작업절차에 따라 수행 할 수 있다. 2. 정비지침서에 따라 연료장치의 세부점검목록을 확인하여 고장원인을 파악할 수 있다. 3. 정비지침서에 따라 진단장비를 사용하여 제어장치의 고장원인을 분석할 수 있다. 4. 연료장치를 진단하여 수리, 교환여부를 결정할 수 있다.
		2. 연료장치 수리하기	1. 정비지침서에 따라 연료장치 관련 부품을 수리할 수 있다 2. 연료장치 회로도를 파악할 수 있다. 3. 연료장치의 진단 분석 결과에 따라 연료장치를 수리할 수 있다
		3. 연료장치 교환하기	1. 연료장치의 구조를 파악하여 분해, 조립순서에 맞게 관련 부품을 교환할 수 있다. 2. 연료장치 관련 부품을 교환하여 정상 작동 상태를 파악할 수 있다. 3. 진단장비를 활용하여 교환 작업을 할 수 있다.
		4. 연료장치 검사하기	1. 정비지침서에 따라 진단장비를 사용하여 연료장치를 검사할 수 있다. 2. 연료장치의 정상작동 여부를 판단할 수 있다. 3. 연료장치의 누유 검사를 수행할 수 있다. 4. 작업 후 연료장치 성능을 검사할 수 있다.
	8. 흡 · 배기 장치 정비	1. 흡 · 배기장치 점검 · 진단하기	1. 흡 · 배기장치의 점검 시 안전작업 절차에 따라 수행할 수 있다. 2. 정비지침서에 따라 흡 · 배기장치 구조, 제어장치를 파악하고 고장원인을 분석할 수 있다. 3. 정비지침서에 따라 관련 장비를 활용하여 점검 · 진단을 할 수 있다.
		2. 흡 · 배기장치 수리하기	1. 정비지침서에 따라 흡 · 배기장치의 흐름을 파악할 수 있다. 2. 정비지침서에 따라 교환 · 수리가능 여부를 판단하여 수리 부품을 확인할 수 있다. 3. 정비지침서에 따라 흡 · 배기장치를 수리할 수 있다.
		3. 흡 · 배기장치 교환하기	1. 정비지침서에 따라 흡 · 배기 장치 관련 부품의 교환여부를 결정할 수 있다. 2. 정비지침서에 따라 분해 · 조립 계획을 수립하여 장비 · 공구를 준비할 수 있다. 3. 정비지침서에 따라 배기 장치 관련 부품을 분해 · 조립 순서에 맞게 교환할 수 있다.
		4. 흡 · 배기장치 검사하기	1. 정비지침서에 따라 작업 후 진단장비를 이용하여 고장요소를 판독할 수 있다. 2. 정비지침서에 따라 작업 후 흡 · 배기장치의 누설 검사를 할 수 있다. 3. 정비지침서에 따라 작업 후 흡 · 배기장치의 성능 검사를 할 수 있다.

실기과목명	주요항목	세부항목	세세항목
	9. 클러치 수동 변속기정비	1. 클러치 · 수동 변속기 점검 · 진단하기	1. 정비지침서에 따라 클러치 · 수동변속기를 파악하고 관련 장치의 작동상태를 확인할 수 있다. 2. 정비지침서에 따라 클러치 · 수동변속기를 점검 및 진단할 수 있다. 3. 정비지침서에 따라 클러치 · 수동변속기의 세부점검목록을 확인하여 고장원인을 파악할 수 있다. 4. 정비지침서에 따라 클러치 · 수동변속기의 고장진단 장비를 사용하여 고장원인을 분석할 수 있다.
		2. 클러치 · 수동 변속기 조정하기	1. 정비지침서에 따라 클러치 · 수동변속기의 조정 목록을 확인하여 조정내용을 파악할 수 있다. 2. 차종에 따른 조정부품오일의 규정치를 확인하여 규정값으로 조정할 수 있다. 3. 정비지침서에 따라 클러치 · 수동변속기 관련 부품의 조정을 위해 관련 장비를 선택하여 사용할 수 있다.
		3. 클러치 · 수동 변속기 수리하기	1. 정비지침서에 따라 교환 · 수리가능여부를 판단하여 수리부품을 확인할 수 있다. 2. 정비지침서에 따라 클러치 · 수동변속기를 수리할 수 있다.
		4. 클러치 · 수동 변속기 교환하기	1. 클러치 · 수동변속기 관련 부품들의 점검 · 진단결과에 따라 교환 부품을 확인할 수 있다. 2. 정비지침서에 따라 탈부착순서에 필요한 장비 및 공구를 준비할 수 있다. 3. 정비지침서에 따라 클러치 · 수동변속기의 교환 목록을 확인하여 교환 작업을 할 수 있다.
		5. 클러치 · 수동 변속기 검사하기	1. 정비지침서에 따라 클러치 · 수동변속기의 세부점검목록을 확인하여 클러치 · 수동변속기를 검사 할 수 있 2. 정비지침서에 따라 클러치 · 수동변속기작업 후 작동상태를 검사할 수 있다.
	10. 드라이브 라인 정비	1. 드라이브라인 점검 · 진단하기	1. 정비지침서에 따라 드라이브 라인의 작동상태를 확인할 수 있다. 2. 정비지침서에 따라 드라이브 라인을 점검할 수 있다. 3. 정비지침서에 따라 드라이브 라인의 세부점검목록을 확인하여 고장원인을 파악할 수 있다. 4. 정비지침서에 따라 드라이브 라인의 고장원인을 분석할 수 있다.
		2. 드라이브라인 조정하기	1. 차종에 따라 조정부품 · 규정치를 확인하고 규정값으로 조정할 수 있다. 2. 정비지침서에 따른 부품의 조정을 위해 관련 장비를 선택하여 사용할 수 있다. 3. 정비지침서에 따라 차동장치 관련 부품의 조정을 위해 관련 장비를 선택하여 사용할 수 있다.
		3. 드라이브라인 수리하기	1. 정비지침서에 따라 교환 · 수리가능여부를 판단하여 수리부품을 확인할 수 있다. 2. 정비지침서에 따라 드라이브라인을 수리할 수 있다.
		4. 드라이브라인 교환하기	1. 드라이브라인 부품들의 점검 · 진단결과에 따라 교환 부품을 확인할 수 있다. 2. 정비지침서에 따라 탈부착 계획을 수립하여 관련된 지식을 바탕으로 장비 및 공구를 준비 할 수 있다. 3. 정비지침서에 따라 드라이브라인의 교환 목록을 확인하여 교환 작업을 수행할 수 있다.
		5. 드라이브라인 검사하기	1. 정비지침서에 따라 점검 목록을 확인하여 드라이브라인을 검사할 수 있다. 2. 정비지침서에 따라 작업 후 드라이브라인의 작동 상태 · 소음여부, 오일누유, 장치 성능을 검사할 수 있다
	11. 휠 · 타이어 · 얼라인먼트 정비	1. 휠 · 타이어 · 얼라인먼트 점검 · 진단하기	1. 정비지침서에 따라 휠 · 타이어 · 얼라인먼트를 파악하고 관련 장치의 작동상태를 확인할 수 있다. 2. 정비지침서에 따라 휠 · 타이어 · 얼라인먼트를 점검 할 수 있다. 3. 정비지침서에 따라 휠 · 타이어 · 얼라인먼트의 세부점검목록을 확인하여 고장원인을 진단 할 수 있다.
		2. 휠 · 타이어 · 얼라인먼트 조정하기	1. 정비지침서에 따라 타이어의 공기압을 측정하여 규정값으로 조정할 수 있다. 2. 정비지침서에 따라 휠 얼라인먼트 조정요소 · 규정치를 확인하여 규정값으로 조정할 수 있다. 3. 정비지침서에 따라 휠 · 타이어의 평형상태를 확인 후 측정장비를 활용하여 조정할 수 있다. 4. 정비지침서에 따라 얼라인먼트의 장비를 선택하여 조정할 수 있다.
		3. 휠 · 타이어 · 얼라인먼트 수리하기	1. 정비지침서에 따라 교환 · 수리 가능여부를 판단하여 수리부품을 확인할 수 있다. 2. 정비지침서에 따라 휠 · 타이어 · 얼라인먼트에 관련된 진단내용을 수리할 수 있다. 3. 정비지침서에 따라 휠 · 타이어 · 얼라인먼트 수리 후 이상 유무를 확인할 수 있다.
		4. 휠 · 타이어 · 얼라인먼트 교환하기	1. 정비지침서에 따라 휠 · 타이어 · 얼라인먼트 교환을 위해 필요 장비를 선택하여 사용할 수 있다. 2. 정비지침서에 따라 탈부착 계획을 수립하여 장비 및 공구를 준비할 수 있다. 3. 정비지침서에 따라 휠 · 타이어 · 얼라인먼트의 부품목록을 확인하여 교환 작업을 수행할 수 있다.
		5. 휠 · 타이어 · 얼라인먼트 검사하기	1. 정비지침서에 따라 작업 후 관련 장비를 검사할 수 있다. 2. 정비지침서에 따라 고장진단 장비를 사용하여 검사할 수 있다. 3. 정비지침서에 따라 휠 · 타이어 · 얼라인먼트를 검사할 수 있다.
	12. 유압식 제동장치 정비	1. 유압식 제동장치 점검 · 진단하기	1. 정비지침서에 따라 제동장치를 파악하고 관련 장치의 작동상태를 확인할 수 있다. 2. 정비지침서에 따라 제동장치를 점검할 수 있다. 3. 정비지침서에 따라 제동장치의 세부점검목록을 확인하여 고장원인을 파악할 수 있다.
		2. 유압식 제동장치 조정하기	1. 정비지침서에 따라 제동장치의 조정 목록을 확인하여 조정내용을 파악할 수 있다. 2. 정비지침서에 따라 조정부품의 규정값을 확인하여 조정할 수 있다. 3. 정비지침서에 따라 제동장치 관련 부품의 조정을 위해 관련 장비 및 공구를 선택하여 사용할 수 있다.
		3. 유압식 제동장치 수리하기	1. 정비지침서에 따라 교환 · 수리 가능여부를 판단하여 수리부품을 확인할 수 있다. 2. 정비지침서에 따라 제동장치를 점검할 수 있다. 3. 정비지침서에 따라 제동장치를 수리할 수 있다.
		4. 유압식 제동장치 교환하기	1. 정비지침서에 따라 탈부착 계획을 수립하여 장비 및 공구를 준비할 수 있다. 2. 제동장치 관련 부품들의 점검 · 진단 결과에 따라 제동장치 부품을 교환할 수 있다. 3. 정비지침서에 따라 제동장치 장치의 교환 목록을 확인하여 교환 작업을 수행할 수 있다.
		5. 유압식 제동장치 검사하기	1. 정비지침서에 따라 작업 후 제동장치의 작동 상태를 검사할 수 있다. 2. 정비지침서에 따라 고장진단 장비를 사용하여 검사할 수 있다. 3. 정비지침서에 따라 제동장치를 검사할 수 있다.

출제기준(실기)

직무분야	기계	중직무 분야	자동차	자격 종목	자동차정비산업기사	적용기간	2022.1.1.~2024.12.31.
직무내용	자동차의 엔진, 섀시, 전기 · 전자장치, 친환경 자동차 등의 결함이나 고장부위를 진단, 정비, 검사하고 관리하는 직무이다.						
실기검정방법	작업형				시험시간	5시간 30분 정도	

실기과목명	주요항목	세부항목	세세항목
자동차정비 실무	1. 네트워크통신장치 정비	1. 네트워크통신장치 점검 · 진단하기	1. 정비지침서에 따라 통신별 장치 · 네트워크 특성 · 작동상태를 파악할 수 있다. 2. 정비지침서에 따라 네트워크 통신장치를 점검 · 진단할 수 있다. 3. 정비지침서에 따라 세부점검 목록을 확인하여, 고장원인을 파악할 수 있다. 4. 정비지침서에 따라 진단장비를 사용하여 고장원인을 분석할 수 있다.
		2. 네트워크통신장치 수리하기	1. 네트워크 회로도에 따라 통신의 흐름을 파악하여 수리할 수 있다. 2. 정비지침서에 따라 단선 · 단락에 따른 배선의 결선작업을 수리할 수 있다. 3. 정비지침서에 따른 진단장비를 활용하여 네트워크통신장치를 수리할 수 있다.
		3. 네트워크통신장치 교환하기	1. 관련 부품들의 점검 · 진단결과에 따라 부품 교환여부를 결정할 수 있다. 2. 정비지침서에 따라 탈거 · 조립절차 계획을 수립하여 장비 · 공구를 준비할 수 있다. 3. 정비지침서에 따라 이상부품들의 단품을 교환할 수 있다.
		4. 네트워크통신장치 검사하기	1. 정비지침서에 따라 진단장비를 활용하여 장치를 검사할 수 있다. 2. 정비지침서에 따라 진단장비를 활용하여 양 · 부를 판정할 수 있다. 3. 정비지침서에 따라 네트워크통신장치 작동상태를 확인할 수 있다.
	2. 가솔린 전자제어 장치 정비	1. 가솔린 전자제어장치 점검 · 진단하기	1. 안전작업절차에 따라 전자제어장치 점검을 할 수 있다. 2. 차종에 따른 전자제어장치를 이해하고 작동상태를 파악할 수 있다. 3. 안전작업절차에 따라 전자제어장치의 세부점검목록을 확인하여 고장원인을 파악하고 점검, 진단할 수 있다.
		2. 가솔린 전자제어장치 조정하기	1. 가솔린 전자제어장치의 정비지침서에 따라 가솔린 전자제어장치 규정값 범위가 되도록 조정할 수 있다. 2. 정비지침서에 따라 가솔린 전자제어장치 관련 단품의 규정값 범위가 되도록 진단장비로 조정 할 수 있다.
		3. 가솔린 전자제어장치 수리하기	1. 정비지침서에 따라 가솔린 전자제어장치의 전기흐름을 파악하여 수리할 수 있다. 2. 정비지침서에 따라 수리가능여부를 판단하여 수리부품을 확인할 수 있다. 3. 가솔린 전자제어장치에 관련된 진단내용에 따라 가솔린 전자제어장치를 수리할 수 있다.
		4. 가솔린 전자제어장치 교환하기	1. 정비지침서에 따라 가솔린 전자제어장치 관련 부품의 위치를 파악할 수 있다. 2. 정비지침서에 따라 진단장비를 활용하여 부품을 판독할 수 있다. 3. 정비지침서에 따라 가솔린 전자제어장치 관련 부품을 탈부착 순서에 맞게 교환할 수 있다.
		5. 가솔린 전자제어장치 검사하기	1. 정비지침서에 따라 가솔린 전자제어장치 관련 단품을 검사하여 이상유무를 판독할 수 있다. 2. 정비지침서에 따라 작업 후 가솔린 전자제어장치의 성능상태에 대한 검사를 수행할 수 있다. 3. 시운전과 진단장비를 활용하여 가솔린 전자제어장치의 이상유무를 검사할 수 있다.
	3. 디젤전자제어 장치 정비	1. 디젤 전자제어장치 점검 · 진단하기	1. 안전작업절차에 따라 디젤 전자제어장치를 점검하여 고장원인을 파악할 수 있다. 2. 진단장비를 이용하여 관련부품 · 배선을 점검하고 이상유무를 판독할 수 있다. 3. 정비지침서에 따라 전자제어장치의 작동상태를 파악할 수 있다.
		2. 디젤 전자제어장치 조정하기	1. 정비지침서에 따라 디젤 전자제어장치 관련 부품의 조정을 위해 관련 장비를 선택할 수 있다. 2. 디젤 차종에 따라 조정부품들의 규정값을 확인하여 초기설정 범위값을 조정할 수 있다. 3. 디젤 차종에 따라 조정부품들을 준비할 수 있다.
		3. 디젤 전자제어장치 수리하기	1. 정비지침서에 따라 디젤 전자제어장치 관련 회로도를 분석할 수 있다. 2. 정비지침서에 따라 디젤 전자제어장치 진단장비를 활용하여 수리할 수 있다. 3. 정비지침서에 따라 디젤 전자제어시스템을 점검하여 수리할 수 있다.
		4. 디젤 전자제어장치 교환하기	1. 정비지침서에 따라 분해 · 조립 계획을 수립하여 장비 · 공구를 준비할 수 있다. 2. 디젤 전자제어 관련 부품들의 점검 · 진단결과에 따라 이상유무를 확인할 수 있다. 3. 정비지침서에 따라 디젤 전자제어장치 관련 부품을 교환할 수 있다.
		5. 디젤 전자제어장치 검사하기	1. 정비지침서에 따라 디젤 전자제어장치 관련 단품을 검사할 수 있다. 2. 디젤 전자제어장치 작동상태 · 장치 성능 검사절차에 따라 검사를 할 수 있다. 3. 정비지침서에 따라 작업 후 결과를 검사하여 정상작동상태를 확인할 수 있다.
	4. 배출가스장치 정비	1. 배출가스장치 점검 · 진단하기	1. 정비지침서에 따라 배출가스장치를 숙지하여 배출가스 관련 장치의 작동상태를 파악할 수 있다. 2. 정비지침서에 따라 배출가스장치의 세부점검목록을 확인하여 고장원인을 파악할 수 있다. 3. 정비지침서에 따라 진단장비를 사용하여 고장원인을 분석할 수 있다.
		2. 배출가스장치 조정하기	1. 차종에 따라 배출가스의 분석을 통해 규정값을 확인하여 초기설정 범위 값으로 조정할 수 있다. 2. 정비지침서에 따라 진단장비를 활용하여 배출가스장치를 조정할 수 있다. 3. 정비지침서에 따라 배출가스 분석을 통해 관련 부품을 조정할 수 있다.
		3. 배출가스장치 수리하기	1. 정비지침서에 따라 전자제어시스템을 분석하여 수리할 수 있다. 2. 정비지침서에 따라 교환 · 수리가능여부를 판단하여 수리부품을 확인할 수 있다. 3. 정비지침서에 따라 배출가스장치에 관련된 부품을 수리할 수 있다.
		4. 배출가스장치 교환하기	1. 정비지침서에 따라 분해 · 조립 계획을 수립하여 관련된 지식을 바탕으로 공구를 준비할 수 있다. 2. 정비지침서에 따라 배출가스 관련 부품을 교환할 수 있다.
		5. 배출가스장치 검사하기	1. 정비지침서에 따라 진단장비를 이용하여 배출가스장치를 검사하고 판단할 수 있다. 2. 정비지침서에 따라 배출가스장치 검사를 통해 고장요소를 분석할 수 있다. 3. 정비지침서에 따라 작업 후 배출가스장치의 작동 상태 · 성능에 대한 검사를 수행할 수 있다.
	5. 자동변속기 정비	1. 자동변속기 점검 · 진단하기	1. 정비지침서에 따라 자동변속기를 점검 및 진단하여 작동상태를 확인할 수 있다. 2. 정비지침서에 따라 자동변속기 장치의 세부점검 목록을 확인하여 고장원인을 파악할 수 있다. 3. 정비지침서에 따라 자동변속기의 오일상태와 유압을 확인하여 진단할 수 있다.

실기과목명	주요항목	세부항목	세세항목
자동차정비 실무		2. 자동변속기 조정하기	1. 정비지침서에 따라 자동변속기의 고장목록을 확인하여 조정내용을 파악할 수 있다. 2. 정비지침서에 따라 자동변속기의 조정부품 · 오일압력을 확인하여 규정값으로 조정할 수 있다. 3. 정비지침서에 따라 자동변속기 관련 부품의 조정을 위해 장비를 선택하여 사용할 수 있다.
		3. 자동변속기 수리하기	1. 정비지침서에 따라 교환 · 수리 가능여부를 판단하여 수리부품을 확인할 수 있다. 2. 자동변속기 장치에 관련된 진단내용에 따라 자동변속기를 수리할 수 있다. 3. 안전작업 절차에 따라 자동변속기를 수리할 수 있다.
		4. 자동변속기 교환하기	1. 자동변속기 장치 관련 부품들의 점검 · 진단결과에 따라 자동변속기 교환 부품을 확인할 수 있다. 2. 정비지침서에 따라 탈부착절차 계획을 수립하여 장비 및 공구를 준비할 수 있다. 3. 정비지침서에 따라 자동변속기 장치의 교환 목록을 확인하여 작업을 수행할 수 있다.
		5. 자동변속기 검사하기	1. 정비지침서에 따라 자동변속기의 세부점검목록을 확인하여 검사할 수 있다. 2. 정비지침서에 따라 진단장비를 사용하여 자동변속기를 검사할 수 있다. 3. 정비지침서에 따라 자동변속기 장치 작업 후 검사할 수 있다.
	6. 유압식 현가장치 정비	1. 유압식 현가장치 점검 · 진단하기	1. 정비지침서에 따라 유압식 현가장치를 파악하고 관련 장치의 작동상태를 확인할 수 있다. 2. 정비지침서에 따라 유압식 현가장치를 점검할 수 있다. 3. 정비지침서에 따라 유압식 현가장치의 세부점검목록을 확인하여 고장원인을 파악할 수 있다.
		2. 유압식 현가장치 교환하기	1. 유압식 현가장치 관련 부품들의 점검 · 진단결과에 따라 유압식 교환 부품을 확인할 수 있다. 2. 정비지침서에 따라 탈부착 순서를 파악하고 장비 및 공구를 준비할 수 있다. 3. 정비지침서에 따라 유압식 현가장치의 교환 목록을 확인하여 교환 작업을 수행할 수 있다.
		3. 유압식 현가장치 검사하기	1. 정비지침서에 따라 작업 후 유압식 현가장치의 작동 상태 및 성능을 검사할 수 있다. 2. 유압식 현가장치에 관련된 진단내용에 따라 유압식 현가장치를 수리할 수 있다. 3. 정비지침서에 따라 유압식 현가장치를 점검할 수 있다.
	7. 전자제어 현가장치 정비	1. 전자제어 현가장치 점검 · 진단하기	1. 정비지침서에 따라 전자제어 현가장치를 파악하고 관련 장치의 작동상태를 확인할 수 있다. 2. 정비지침서에 따라 전자제어 현가장치를 점검할 수 있다. 3. 정비지침서에 따라 전자제어 현가장치의 세부점검목록을 확인하여 고장원인을 파악할 수 있다.
		2. 전자제어 현가장치 조정하기	1. 정비지침서에 따라 조정부품의 규정값을 확인하여 조정할 수 있다. 2. 정비지침서에 따라 전자제어 현가장치 관련 부품의 조정을 위한 관련 장비를 선택하여 사용할 수 있다. 3. 정비지침서에 따라 전자제어 현가장치를 조정하여 정상 상태 여부를 판단할 수 있다.
		3. 전자제어 현가장치 수리하기	1. 전자제어 현가장치 구성 회로도를 분석하여 수리할 수 있다. 2. 정비지침서에 따라 교환 · 수리 가능여부를 확인할 수 있다. 3. 전자제어 현가장치에 관련된 진단내용에 따라 전자제어 현가장치를 수리할 수 있다.
		4. 전자제어 현가장치 교환하기	1. 전자제어 현가장치 관련 부품들의 점검 · 진단결과에 따라 교환 부품을 확인할 수 있다. 2. 정비지침서에 따라 탈부착 계획을 수립하여 장비 및 공구를 준비할 수 있다. 3. 정비지침서에 따라 준비된 장비 및 공구를 이용하여 전자제어 현가장치 구성부품을 교환할 수 있다.
		5. 전자제어 현가장치 검사하기	1. 정비지침서에 따라 작업 후 전자제어 현가장치의 작동 상태 · 장치 성능을 검사할 수 있다. 2. 정비지침서에 따라 측정 공구와 진단장비를 사용하여 전자제어 현가장치를 검사할 수 있다. 3. 정비지침서에 따라 전자제어 현가장치 장치 작업 후 검사를 수행할 수 있다.
	8. 전자제어 조향장치 정비	1. 전자제어 조향장치 점검 · 진단하기	1. 정비지침서에 따라 전자제어 조향장치를 파악하고 관련 장치의 작동상태를 확인할 수 있다. 2. 정비지침서에 따라 전자제어 조향 장치를 점검할 수 있다. 3. 정비지침서에 따라 전자제어 조향장치의 세부점검목록을 확인하여 고장원인을 파악할 수 있다.
		2. 전자제어 조향장치 조정하기	1. 차종에 따라 부품을 확인하고 규정값으로 조정할 수 있다. 2. 정비지침서에 따라 전자제어 조향장치 관련 부품의 조정을 위해 관련 장비를 선택하여 사용할 수 있다. 3. 정비지침서에 따라 전자제어 조향장치의 목록을 확인하여 조정내용을 파악할 수 있다.
		3. 전자제어 조향장치 수리하기	1. 전자제어 조향장치에 관한 구성 회로도를 분석하여 수리할 수 있다. 2. 정비지침서에 따라 교환 · 수리가능 여부를 판단하여 수리부품을 확인할 수 있다. 3. 전자제어 조향장치에 관련된 진단내용에 따라 전자제어 조향장치를 수리할 수 있다.
		4. 전자제어 조향장치 교환하기	1. 정비지침서에 따라 탈부착 계획을 수립하여 장비 및 공구를 준비할 수 있다. 2. 전자제어 조향장치 관련 부품들의 점검 · 진단 결과에 따라 전자제어 조향장치를 교환할 수 있다. 3. 정비지침서에 따라 전자제어 조향장치의 교환 목록을 확인하여 교환할 수 있다.
		5. 전자제어 조향장치 검사하기	1. 정비지침서에 따라 작업 후 전자제어 조향장치의 작동 상태 · 장치를 검사할 수 있다. 2. 정비지침서에 따라 고장진단 장비를 사용하여 검사할 수 있다. 3. 정비지침서에 따라 전자제어 조향장치 장치 작업 후 검사를 할 수 있다.
	9. 전자제어 제동장치 정비	1. 전자제어 제동장치 점검 · 진단하기	1. 정비지침서에 따라 전자제어 제동장치를 파악하고 관련 장치의 작동상태를 확인할 수 있다. 2. 정비지침서에 따라 전자제어 제동장치를 점검할 수 있다. 3. 정비지침서에 따라 전자제어 제동장치의 고장원인을 파악할 수 있다. 4. 정비지침서에 따라 전자제어 제동장치의 고장원인을 분석할 수 있다.
		2. 전자제어 제동장치 조정하기	1. 정비지침서에 따라 전자제어 · 제동장치의 조정 목록을 확인하여 조정내용을 파악할 수 있다. 2. 정비지침서에 따라 조정부품의 규정 값을 확인하여 조정할 수 있다. 3. 정비지침서에 따라 전자제어 · 제동장치 부품의 조정을 위해 관련 장비를 선택하여 사용할 수 있다.
		3. 전자제어 · 제동장치 수리하기	1. 정비지침서에 따라 교환 · 수리 가능여부를 판단하여 수리부품을 확인할 수 있다. 2. 전자제어 제동장치에 관련된 진단내용에 따라 전자제어 제동장치를 수리할 수 있다. 3. 정비지침서에 따라 전자제어 제동장치를 점검할 수 있다.
		4. 전자제어 · 제동장치 교환하기	1. 정비지침서에 따라 탈부착 계획을 수립하여 관련된 지식을 바탕으로 장비 및 공구를 준비할 수 있다. 2. 전자제어 제동장치 관련 부품들의 점검 · 진단 결과에 따라 부품을 교환할 수 있다. 3. 정비지침서에 따라 전자제어 제동장치의 교환 목록을 확인하여 교환할 수 있다.
		5. 전자제어 · 제동장치 검사하기	1. 정비지침서에 따라 작업 후 전자제어 제동장치의 작동 상태를 검사할 수 있다. 2. 정비지침서에 따라 전자제어 제동장치의 고장진단 장비를 사용하여 검사할 수 있다. 3. 정비지침서에 따라 전자제어 제동장치를 검사할 수 있다.

기과목명	주요항목	세부항목	세세항목
동차정비 실무	10. 편의장치 정비	1. 편의장치 점검 · 진단하기	1. 정비지침서에 따라 편의장치를 점검 · 진단할 수있다. 2. 정비지침서에 따라 편의장치의 회로를 점검하여 고장원인을 분석할 수 있다. 3. 정비지침서에 따라 진단장비를 사용하여 편의장치의 고장원인을 판단할 수 있다.
		2. 편의장치 조정하기	1. 정비지침서에 따라 편의장치를 선택할 수 있다. 2. 정비지침서에 따라 편의장치를 규정값으로 조정할 수 있다. 3. 정비지침서에 따라 조정후 정상 작동 상태를 확인할 수 있다.
		3. 편의장치 수리하기	1. 정비지침서에 따라 편의장치회로도를 분석하여 고장요소를 수리할 수 있다. 2. 정비지침서에 따라 편의장치를 수리할 수 있다. 3. 정비지침서에 따라 편의장치를 수리하여 정상으로 작동되는지 확인할 수 있다.
		4. 편의장치 교환하기	1. 부품들의 점검 · 진단 결과에 따라 교환 부품을 선정할 수 있다. 2. 정비지침서에 따라 편의장치의 탈거 · 조립절차 계획을 수립할 수 있다. 3. 편의장치 관련 부품들의 점검 · 진단결과에 따라 부품을 교환할 수 있다.
		5. 편의장치 검사하기	1. 정비지침서에 따른 작업결과에 대하여 진단장비를 이용하여 편의장치를 검사하고 이상유무를 판단할 수 있다. 2. 정비지침서에 따라 편의장치의 성능에 대한 검사를 할 수 있다. 3. 정비지침서에 따라 검사 후 진단수리 절차를 계획할 수 있다.
	11. 냉 · 난방장치 정비	1. 냉 · 난방장치 점검 · 진단하기	1. 정비지침서에 따라 냉 · 난방장치를 점검 · 진단하여 이상유무를 판단할 수 있다. 2. 정비지침서에 따라 진단장비를 사용하여 냉 · 난방장치의 고장원인을 판단할 수 있다. 3. 정비지침서에 따라 냉 · 난방장치의 고장원인에 대한 작업계획을 세울 수 있다.
		2. 냉 · 난방장치 수리하기	1. 정비지침서에 따라 냉 · 난방장치를 분석할 수 있다. 2. 정비지침서에 따라 냉 · 난방장치를 정상상태로 수리할 수 있다. 3. 정비지침서에 따라 교환 · 수리 후 정상 작동 상태를 확인할 수 있다.
		3. 냉 · 난방장치 교환하기	1. 정비지침서에 따라 진단장비를 사용하여 교환여부를 판단할 수 있다. 2. 탈거 · 조립절차 계획을 수립하여 장비 · 공구를 준비할 수 있다. 3. 정비지침서에 따라 냉 · 난방장치를 교환할 수 있다.
		4. 냉 · 난방장치 검사하기	1. 정비지침서에 따라 수리 후 냉 · 난방장치를 검사하여 작동상태를 확인할 수 있다. 2. 정비지침서에 따라 냉 · 난방장치의 성능에 대한 검사를 할 수 있다. 3. 정비지침서에 따라 냉 · 난방장치에 대한 검사 후결과를 보고할 수 있다.
	12. 하이브리드 고전압장치 정비	1. 하이브리드 전기장치 점검 · 진단하기	1. 정비지침서에 따라 하이브리드전기장치 · 작동상태를 파악할 수 있다. 2. 정비지침서에 따라 세부점검 목록 확인 · 진단장비를 사용하여 고장원인을 파악할 수 있다. 3. 정비지침서에 따라 정비 시 위험성을 인지하고 안전장비를 착용하고 작업을 수행할 수 있다.
		2. 하이브리드 전기장치 수리하기	1. 전기회로도에 따라 하이브리드 전기장치를 파악하여 수리할 수 있다. 2. 정비지침서에 따라 수리 가능여부를 판단하여 고장 부품을 수리할 수 있다. 3. 정비지침서에 따라 하이브리드 차량 수리 안전수칙을 준수하여 작업을 실시할 수 있다.
		3. 하이브리드 전기장치 교환하기	1. 전기자동차의 전기관련 부품들의 점검 · 진단결과에 따라 부품교환 여부를 결정할 수 있다. 2. 정비지침서에 따라 탈거 · 조립절차 계획을 수립하고 장비 · 공구를 준비할 수 있다. 3. 정비지침서에 따라 이상부품을 교환할 수 있다. 4. 정비지침서에 따라 안전수칙을 준수하면서 작업을 실시할 수 있다.
		4. 하이브리드 전기장치 검사하기	1. 정비지침서에 따라 진단장비를 활용하여 장치를 검사할 수 있다. 2. 정비지침서에 따라 진단장비를 활용하여 양 · 부를 판정할 수 있다. 3. 정비지침서에 따라 안전장비를 착용하여 정상적인 작동을 검사할 수 있다.
	13. 전기자동차정비	1. 전기자동차 고전압 배터리 정비하기	1. 정비지침서에 따라 고전압 위험성을 인지하고 안전장비를 착용하여 작업할 수 있다. 2. 정비지침서에 따라 고전압을 차단하고 안전하게 작업할 수 있다. 3. 고전압 배터리 구성부품의 종류를 이해하고 작동상태를 설명할 수 있다. 4. 고전압 배터리 작동원리를 이해하고 정비지침서에 따라 진단할 수 있다. 5. 정비지침서에 따라 고전압 배터리 구성부품을 교환할 수 있다. 6. 정비지침서에 따라 진단장비를 활용하여 고전압 배터리 구성부품을 검사할 수 있다.
		2. 전기자동차 전력통합제어 장치 정비하기	1. 전력통합제어장치 구성 부품의 종류를 이해하고 작동상태를 설명할 수 있다. 2. 전력통합제어장치의 작동원리를 이해하고 정비지침서에 따라 진단할 수 있다. 3. 정비지침서에 따라 전력통합제어장치의 구성부품을 교환할 수 있다. 4. 정비지침서에 따라 진단장비를 활용하여 전력통합제어장치 구성부품을 검사할 수 있다.
		3. 전기자동차 구동장치 정비하기	1. 구동장치 구성 부품의 종류를 이해하고 작동상태를 설명할 수 있다. 2. 구동장치의 작동원리를 이해하고 정비지침서에 따라 진단할 수 있다. 3. 정비지침서에 따라 구동장치의 구성 부품을 교환할 수 있다. 4. 정비지침서에 따라 진단장비를 활용하여 구동장치의 구성부품을 검사할 수 있다.
		4. 전기자동차 편의 · 안전장치 정비하기	1. 편의 · 안전장치 구성 부품의 종류를 이해하고 작동상태를 설명할 수 있다. 2. 편의 · 안전장치의 작동원리를 이해하고 정비지침서에 따라 진단할 수 있다. 3. 정비지침서에 따라 편의 · 안전장치의 구성 부품을 교환할 수 있다. 4. 정비지침서에 따라 진단장비를 활용하여 편의 · 안전장치의 구성부품을 검사할 수 있다.
	14. 수소연료전지차 정비	1. 수소 공급장치 정비하기	1. 수소 충전 장치의 작동원리를 파악할 수 있다. 2. 수소 고압용기의 누기 상태를 점검할 수 있다. 3. 수소 공급 감압장치를 점검할 수 있다. 4. 수소 감압라인 이상 부품을 점검 · 교환할 수 있다.
		2. 수소 구동장치 정비하기	1. 스택 전기 생성의 작동 원리를 파악할 수 있다. 2. 전력 생성 및 고전압 발생 경로를 파악할 수 있다. 3. 전력 변환 및 구동장치를 점검하고 이상 부품을 교환할 수 있다.

CONTENTS

자동차정비기능사 과제안별 요약

01 자동차정비기능사(엔진)

02 자동차정비기능사(섀시)

03 자동차정비기능사(전기)

CONTENTS

자동차정비산업기사 과제안별 요약

01 자동차정비산업기사(엔진)

02 자동차정비산업기사(섀시)

03 자동차정비산업기사(전기)

저자 윤 흥 수

학 력

- 명지대학교 대학원 보안경영공학 박사

저서

- 『자동차정비산업기사 필기시험문제』(크라운출판사, 2018) 외 다수

자동차정비기능사

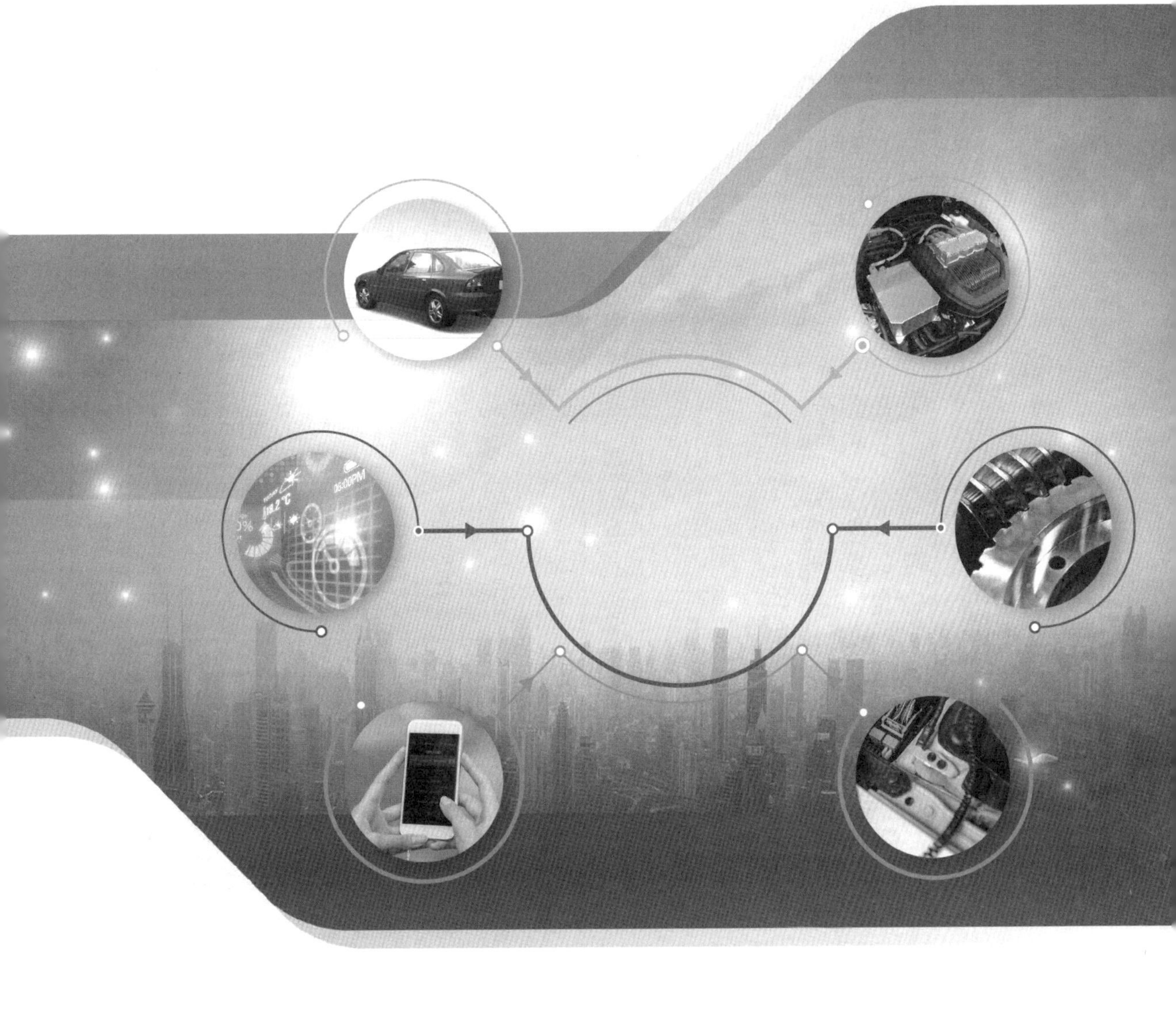

자동차정비기능사 과제안별 요약

※ 일부내용이 변경될 수 있음

			1	2	3	4	5	6	7	8
엔진	1	탈거·조립	디젤 실린더 헤드, 분사노즐	가솔린 실린더 헤드, 밸브 스프링	디젤 워터펌프, 라디에이터 캡	DOHC 가솔린 타이밍 벨트	디젤 크랭크축	가솔린 크랭크축	DOHC 가솔린 실린더 헤드	가솔린 에어크리너, 점화플러그
		기록·판정 (답안지)	분사노즐 압력·후적	밸브 스프링 장력	라디에이터 캡 압력·유지	캠 높이	크랭크축 휨	크랭크축 마모량	실린더 헤드 변형도	실린더 압축압력
	2	점검·시동	점화 회로	연료 회로	시동 회로	점화 회로	연료 회로	시동 회로	점화 회로	연료 회로
	3	탈거·조립	공회전 속도조절장치	인젝터	흡입공기유량센서	CRDI 연료압력조절밸브	CRDI 예열플러그	스로틀바디	LPG 점화플러그, 배선	LPG 점화코일
		자기진단 (답안지)	엔진 부품 탈거·조립, 자기진단							
	4	검사항목 (답안지)	디젤 매연(광투과식)	가솔린 배기가스	디젤 매연(광투과식)	가솔린 배기가스	디젤 매연(광투과식)	가솔린 배기가스	디젤 매연(광투과식)	가솔린 배기가스
섀시	1	탈거·조립	앞 쇽업소버 스프링	앞 허브·너클	림에서 타이어 탈거	로워암	등속축	앞 또는 뒤 범퍼	후진 아이들 기어	FR형식 액슬축
	2	기록·판정 (답안지)	캐스터각, 캠버각	캐스터각, 캠버각	수동변속기 입력축 엔드 플레이	조향 휠 유격	타이어 휠 밸런스	주차 레버 클릭수	브레이크 디스크 두께, 흔들림	자동변속기 오일량, 오일상태
	3	탈거·조립/ 작동확인	ABS 브레이크 패드	브레이크 라이닝	클러치 릴리스 실린더/공기빼기	브레이크 캘리퍼/공기빼기	타이로드 엔드/ 조향휠 직진	파워스티어링 펌프/ 오일량, 공기빼기	타이로드 엔드/ 조향휠 직진	브레이크 캘리퍼/공기빼기
	4	기록·판정 (답안지)	인히비터스위치, 변속선택레버 위치	자동변속기 자기진단	ECS 자기진단	ABS 자기진단	자동변속기 자기진단	자동변속기 자기진단	자동변속기 오일압력	인히비터스위치, 변속선택레버 위치
	5	검사항목 (답안지)	제동력	최소회전반경	제동력	최소회전반경	제동력	최소회전반경	제동력	최소회전반경
전기	1	탈거·조립/ 작동확인	와이퍼 모터/ 와이퍼 브러시	발전기/벨트 장력	DOHC 점화플러그, 고압케이블/시동	기동모터	에어컨 냉매 회수·재충전	다기능 스위치	경음기, 릴레이	윈도 레귤레이터
	2	기록·판정 (답안지)	크랭킹 전류 소모	점화코일 1, 2차 저항	발전기 충전전류, 충전전압	메인 컨트롤 릴레이	ISC 듀티	축전지 비중, 전압	에어컨 라인 압력	축전지 비중, 전압
	3	회로점검 (답안지)	미등·번호등 회로	전조등 회로	와이퍼 회로	방향지시등 회로	경음기 회로	기동·점화 회로	전동팬 회로	충전 회로
	4	검사항목 (답안지)	전조등 광도	경음기 음량	전조등 광도	경음기 음량	전조등 광도	경음기 음량	전조등 광도	경음기 음량

			9	10	11	12	13	14	15
엔진	1	탈거·조립	가솔린 크랭크축	가솔린 크랭크축, 메인베어링	DOHC 가솔린 실린더헤드, 캠축	디젤 크랭크축	CRDI 인젝터, 예열플러그	DOHC 가솔린 실린더 헤드, 피스톤	가솔린 실린더 헤드, 피스톤
		기록·판정 (답안지)	크랭크축 축방향 유격	크랭크축 오일간극	캠축 휨	플라이휠 런 아웃	예열플러그 저항	실린더 간극	피스톤링 이음간극
	2	점검·시동	시동 회로	점화 회로	연료 회로	시동 회로	점화 회로	연료 회로	시동 회로
	3	탈거·조립	LPG 맵센서 (공기유량센서)	가솔린 연료펌프	연료펌프	연료펌프	공기유량센서(AFS), 에어크리너	공기유량센서(AFS), 에어크리너	공기유량센서(AFS), 에어크리너
		자기진단 (답안지)	엔진 부품 탈거·조립, 자기진단						
	4	검사항목 (답안지)	디젤 매연(광투과식)	가솔린 배기가스	디젤 매연(광투과식)	가솔린 배기가스	디젤 매연(광투과식)	가솔린 배기가스	디젤 매연(광투과식)
섀시	1	탈거·조립	뒤 쇽업소버·현가장치	자동변속기 오일필터·유온센서	FR형식 추진축	FR형식 차동기어	자동변속기 오일펌프	수동변속기 1단 기어	자동변속기 밸브바디
	2	기록·판정 (답안지)	종감속 기어 백래시	브레이크 페달 작동거리, 페달유격	토(toe)	클러치 페달 유격	사이드 슬립	ABS 톤 휠 간극	자동변속기 오일량, 오일상태
	3	탈거·조립/ 작동확인	브레이크 휠 실린더/공기빼기	파워스티어링 펌프/ 오일량, 공기빼기	ABS 브레이크 패드	브레이크 라이닝	ABS 브레이크 패드	브레이크 휠 실린더/공기빼기	클러치 릴리스 실린더/공기빼기
	4	기록·판정 (답안지)	ABS 자기진단	ECS 자기진단	ABS 자기진단	ABS 자기진단	자동변속기 오일압력	자동변속기 자기진단	ECS 자기진단
	5	검사항목 (답안지)	제동력	최소회전반경	제동력	최소회전반경	제동력	최소회전반경	제동력
전기	1	탈거·조립/ 작동확인	전조등/ 조사방향(육안검사)	에어컨 필터/ 블로워	라디에이터 전동팬	발전기/충전전압	히터 블로워 모터	에어컨 벨트/ 컴프레서	계기판
	2	기록·판정 (답안지)	발전기 충전전류, 충전전압	인젝터 코일 저항	크랭킹 전압강하	스텝모터 저항	스텝모터 저항	메인 컨트롤 릴레이	점화코일 1, 2차 저항
	3	회로점검 (답안지)	에어컨 회로	점화 회로	제동등·미등 회로	실내등·열선 회로	방향지시등 회로	와이퍼 회로	파워윈도 회로
	4	검사항목 (답안지)	전조등 광도	경음기 음량	전조등 광도	경음기 음량	전조등 광도	경음기 음량	전조등 광도

시험안 1

분사노즐 점검

주어진 디젤엔진에서 실린더헤드와 분사노즐(1개)을 탈거(시험위원에게 확인)하고, 시험위원의 지시에 따라 기록표의 내용대로 기록·판정한 후 다시 조립하시오.

답안지작성법

1. 양호

분사개시압력이 규정값 범위 이내이고 후적도 없는 경우

측정 항목	① 측정(또는 점검)			② 판정 및 정비(또는 조치)사항		득 점
	측정값	규정(정비한계)값	후적 유무 판정 (□에 "V"표)	판 정 (□에 "V"표)	정비 및 조치사항	
분사개시압력	$110kgf/cm^2$	$100\sim120kgf/cm^2$	□ 유 ☑ 무	☑ 양 호 □ 불 량	**정비 및 조치사항 없음**	

2. 불량

① 분사개시압력이 규정값 범위 이내이고, 후적이 있는 경우

측정 항목	① 측정(또는 점검)			② 판정 및 정비(또는 조치)사항		득 점
	측정값	규정(정비한계)값	후적 유무 판정 (□에 "V"표)	판 정 (□에 "V"표)	정비 및 조치사항	
분사개시압력	$100kgf/cm^2$	$100\sim120kgf/cm^2$	☑ 유 □ 무	□ 양 호 ☑ 불 량	**분사노즐 교환 후 재점검**	

② 분사개시압력이 규정값 범위 미만($100kgf/cm^2$ 미만)이고, 후적이 없는 경우

측정 항목	① 측정(또는 점검)			② 판정 및 정비(또는 조치)사항		득 점
	측정값	규정(정비한계)값	후적 유무 판정 (□에 "V"표)	판 정 (□에 "V"표)	정비 및 조치사항	
분사개시압력	$90kgf/cm^2$	$100\sim120kgf/cm^2$	□ 유 ☑ 무	□ 양 호 ☑ 불 량	**스크루 조정 후 재점검(스크루 타입) 또는 심 두께 조정 후 재점검(심 타입)**	

③ 분사개시압력이 규정값 범위 미만(100kgf/cm^2 미만)이고, 후적이 있는 경우

측정 항목	① 측정(또는 점검)			② 판정 및 정비(또는 조치)사항		득 점
	측정값	규정(정비한계)값	후적 유무 판정 (□에 "v"표)	판 정 (□에 "v"표)	정비 및 조치사항	
분사개시압력	80kgf/cm^2	100~120kgf/cm^2	☑ 유 □ 무	□ 양 호 ☑ 불 량	**분사노즐 교환 후 재점검**	

④ 분사개시압력이 규정값 범위 초과(120kgf/cm^2 초과)이고, 후적이 없는 경우

측정 항목	① 측정(또는 점검)			② 판정 및 정비(또는 조치)사항		득 점
	측정값	규정(정비한계)값	후적 유무 판정 (□에 "v"표)	판 정 (□에 "v"표)	정비 및 조치사항	
분사개시압력	150kgf/cm^2	100~120kgf/cm^2	□ 유 ☑ 무	□ 양 호 ☑ 불 량	**스크루 조정 후 재점검(스크루 타입) 또는 심 두께 조정 후 재점검(심 타입)**	

⑤ 분사개시압력이 규정값 범위 초과(120kgf/cm^2 초과)이고, 후적이 있는 경우

측정 항목	① 측정(또는 점검)			② 판정 및 정비(또는 조치)사항		득 점
	측정값	규정(정비한계)값	후적 유무 판정 (□에 "v"표)	판 정 (□에 "v"표)	정비 및 조치사항	
분사개시압력	160kgf/cm^2	100~120kgf/cm^2	☑ 유 □ 무	□ 양 호 ☑ 불 량	**분사노즐 교환 후 재점검**	

TIP

- 후적이 있으면 분사개시압력의 양·불과 관계없이 분사노즐 교환 후 재점검으로 작성합니다.
- 시험위원이 제시한 분사노즐이 심 타입인지 스크루 타입인지 확인 후 작성합니다. 일반적으로 스크루 타입을 많이 출제합니다.

시험안 2

밸브 스프링 점검

주어진 가솔린엔진에서 실린더 헤드와 밸브 스프링(1개)을 탈거(시험위원에게 확인)하고, 시험위원의 지시에 따라 기록표의 내용대로 기록·판정한 후 다시 조립하시오.

답안지작성법

1. 양호

밸브 스프링 장력이 한계값 이상 규정값(표준장력) 이하인 경우(18.7~22kgf/35mm)

측정 항목	① 측정(또는 점검)		② 판정 및 정비(또는 조치)사항		득 점
	측정값	규정(정비한계)값	판 정 (□에 "V"표)	정비 및 조치사항	
밸브 스프링 장력	**19kgf/35mm**	**22kgf/35mm (표준장력의 15% 이하)**	☑ 양 호 □ 불 량	**정비 및 조치사항 없음**	

[한계값 산출근거]

- 한계값=표준장력−(표준장력×0.15)
- 22kgf−(22kgf×0.15)=18.7kgf

  ∴ 한계값 : 18.7kgf

2. 불량

밸브 스프링 장력이 한계값 미만인 경우(18.7kgf 미만/35mm)

측정 항목	① 측정(또는 점검)		② 판정 및 정비(또는 조치)사항		득 점
	측정값	규정(정비한계)값	판 정 (□에 "V"표)	정비 및 조치사항	
밸브 스프링 장력	**16kgf/35mm**	**22kgf/35mm (표준장력의 15% 이하)**	□ 양 호 ☑ 불 량	**밸브 스프링 교환 후 재점검**	

[한계값 산출근거]

- 한계값=표준장력−(표준장력×0.15)
- 22kgf−(22kgf×0.15)=18.7kgf

  ∴ 한계값 : 18.7kgf

TIP

- 규정값(표준장력)만 주어질 수도 있기 때문에 한계값(표준장력의 15% 이하) 산출근거는 암기하세요.
- 한계값 계산 시 소수점 처리는 시험위원이 제시한 조건을 따릅니다. 만약, 소수점 처리에 대한 언급이 없다면 계산한 값을 그대로 작성합니다.
- 밸브 스프링은 사용할수록 장력이 점점 작아지므로, 일반적으로 밸브 스프링 장력은 규정값(표준장력) 이하로 측정됩니다.

참 고

만약, 밸브 스프링 장력이 규정값 초과인 경우에는 밸브 스프링을 이종품으로 사용한 것이므로 밸브 스프링 교환 후 재점검으로 작성합니다.

시험안 3

라디에이터 압력식 캡 점검

주어진 디젤엔진에서 워터펌프와 라디에이터 압력식 캡을 탈거(시험위원에게 확인)하고, 시험위원의 지시에 따라 기록표의 내용대로 기록·판정한 후 다시 조립하시오.

답안지작성법

1. 양호

캡 압력이 규정값 범위 이내이고, 10초간 유지되는 경우

측정 항목	① 측정(또는 점검)		② 판정 및 정비(또는 조치)사항		득 점
	측정값	규정(정비한계)값	판 정 (□에 "V"표)	정비 및 조치사항	
압력식 캡 압력	1.1kgf/cm^2 (10초간 유지됨)	0.9~1.2kgf/cm^2 (10초간 유지할 것)	☑ 양 호 □ 불 량	정비 및 조치사항 없음	

2. 불량

① 캡 압력이 규정값 범위 이내이고, 10초간 유지되지 않는 경우

측정 항목	① 측정(또는 점검)		② 판정 및 정비(또는 조치)사항		득 점
	측정값	규정(정비한계)값	판 정 (□에 "V"표)	정비 및 조치사항	
압력식 캡 압력	1.1kgf/cm^2 (10초간 유지 안 됨)	0.9~1.2kgf/cm^2 (10초간 유지할 것)	□ 양 호 ☑ 불 량	라디에이터 압력식 캡 교환 후 재점검	

② 캡 압력이 규정값 범위 미만(0.9kgf/cm^2 미만)이고, 10초간 유지되는 경우

측정 항목	① 측정(또는 점검)		② 판정 및 정비(또는 조치)사항		득 점
	측정값	규정(정비한계)값	판 정 (□에 "V"표)	정비 및 조치사항	
압력식 캡 압력	0.8kgf/cm^2 (10초간 유지됨)	0.9~1.2kgf/cm^2 (10초간 유지할 것)	□ 양 호 ☑ 불 량	라디에이터 압력식 캡 교환 후 재점검	

③ 캡 압력이 규정값 범위 미만(0.9kgf/cm² 미만)이고, 10초간 유지되지 않는 경우

측정 항목	① 측정(또는 점검)		② 판정 및 정비(또는 조치)사항		득 점
	측정값	규정(정비한계)값	판 정 (□에 "v"표)	정비 및 조치사항	
압력식 캡 압력	**0.5kgf/cm²** **(10초간 유지 안 됨)**	**0.9~1.2kgf/cm²** **(10초간 유지할 것)**	□ 양 호 ☑ 불 량	**라디에이터 압력식 캡 교환 후 재점검**	

TIP

- 측정값 작성 시 반드시 규정값에 제시한 단위와 측정조건으로 작성합니다 [예 0.5kgf/cm²(10초간 유지됨 또는 10초간 유지 안 됨)].
- 캡 압력, 10초간 유지 둘 중 하나라도 불량이면 판정은 불량입니다.

참 고

만약, 캡 압력이 규정값 범위 초과인 경우에는 라디에이터 압력식 캡을 이종품으로 사용한 것이므로 라디에이터 압력식 캡 교환 후 재점검으로 작성합니다.

시험안 4

캠 높이 점검

DOHC 가솔린엔진에서 캠축과 타이밍 벨트를 탈거(시험위원에게 확인)하고, 시험위원의 지시에 따라 기록표의 내용대로 기록·판정한 후 다시 조립하시오.

답안지작성법

1. 양호

캠 높이가 한계값 이상 규정값 이하인 경우(42.74~44.52mm)

측정 항목	① 측정(또는 점검)		② 판정 및 정비(또는 조치)사항		득 점
	측정값	규정(정비한계)값	판 정 (□에 "v"표)	정비 및 조치사항	
캠 높이	**43.62mm**	**44.52mm (42.74mm)**	☑ 양 호 □ 불 량	**정비 및 조치사항 없음**	

2. 불량

캠 높이가 한계값 미만인 경우(42.74mm 미만)

측정 항목	① 측정(또는 점검)		② 판정 및 정비(또는 조치)사항		득 점
	측정값	규정(정비한계)값	판 정 (□에 "v"표)	정비 및 조치사항	
캠 높이	**38.96mm**	**44.52mm (42.74mm)**	□ 양 호 ☑ 불 량	**캠축 교환 후 재점검**	

TIP

- 캠은 사용할수록 마모되어 캠 높이가 작아지므로, 일반적으로 캠 높이는 규정값 이하로 측정됩니다.

참 고

만약, 캠 높이가 규정값 초과인 경우에는 캠축을 이종품으로 사용한 것이므로 캠축 교환 후 재점검으로 작성합니다.

시험안 5

크랭크축 휨 점검

주어진 디젤엔진에서 크랭크축을 탈거(시험위원에게 확인)하고, 시험위원의 지시에 따라 기록표의 내용대로 기록·판정한 후 다시 조립하시오.

답안지작성법

1. 양호

크랭크축 휨량이 규정값 범위 이내인 경우

측정 항목	① 측정(또는 점검)		② 판정 및 정비(또는 조치)사항		득 점
	측정값	규정(정비한계)값	판 정 (□에 "v"표)	정비 및 조치사항	
크랭크축 휨	**0.015mm**	**0.04mm 이내**	☑ 양 호 ☐ 불 량	**정비 및 조치사항 없음**	

[측정값 산출근거]

- 크랭크축 휨량=크랭크축 1회전 시 다이얼게이지 지침이 움직인 전체 값÷2
- 크랭크축 1회전 시 다이얼게이지 지침이 움직인 전체 값 : 0.03mm
- 0.03mm÷2=0.015mm

  ∴ 측정값 : 0.015mm

2. 불량

크랭크축 휨량이 규정값 범위 초과인 경우(0.04mm 초과)

측정 항목	① 측정(또는 점검)		② 판정 및 정비(또는 조치)사항		득 점
	측정값	규정(정비한계)값	판 정 (□에 "v"표)	정비 및 조치사항	
크랭크축 휨	**0.06mm**	**0.04mm 이내**	☐ 양 호 ☑ 불 량	**크랭크축 교환 후 재점검**	

[측정값 산출근거]

- 크랭크축 휨량=크랭크축 1회전 시 다이얼게이지 지침이 움직인 전체 값÷2
- 크랭크축 1회전 시 다이얼게이지 지침이 움직인 전체 값 : 0.12mm
- 0.12mm÷2=0.06mm

  ∴ 측정값 : 0.06mm

TIP

- 축의 휨량은 축 1회전 시 다이얼게이지 지침이 움직인 전체 값÷2입니다. 반드시 '÷ 2'를 해야 합니다.
- 축의 휨량 계산 시 소수점 처리는 시험위원이 제시한 조건을 따릅니다. 만약, 소수점 처리에 대한 언급이 없다면 계산한 값을 그대로 작성합니다.

MEMO

시험안 6

크랭크축 마모량 점검

주어진 가솔린엔진에서 크랭크축을 탈거(시험위원에게 확인)하고, 시험위원의 지시에 따라 기록표의 내용대로 기록·판정한 후 다시 조립하시오.

답안지작성법

〈크랭크축 메인저널 지름 기준값이 50mm 이하인 경우〉

1. 양호

메인저널 마모량이 마모한계값 범위 이내인 경우(0.15mm 이하)

측정 항목	① 측정(또는 점검)		② 판정 및 정비(또는 조치)사항		득 점
	측정값	규정(정비한계)값	판 정 (□에 "v"표)	정비 및 조치사항	
메인저널 마모량	**0.12mm**	**46.5mm (0.15mm 이하)**	☑ 양 호 □ 불 량	**정비 및 조치사항 없음**	

[측정값 산출근거]

- (　　)번 메인저널 마모량=(　　)번 메인저널 외경 기준값−(　　)번 메인저널 외경 최소 측정값
- (　1　)번 크랭크축 메인저널 외경 기준값 : 46.5mm
- (　1　)번 크랭크축 메인저널 외경 최소 측정값 : 46.38mm
- 46.5mm−46.38mm=0.12mm

  ∴ 측정값 : 0.12mm

2. 불량

① 메인저널 마모량이 마모한계값 범위 초과 언더사이즈 수정한계값(1.00mm) 이하인 경우(0.15mm 초과 1.00mm 이하)

측정 항목	① 측정(또는 점검)		② 판정 및 정비(또는 조치)사항		득 점
	측정값	규정(정비한계)값	판 정 (□에 "v"표)	정비 및 조치사항	
메인저널 마모량	**0.63mm**	**46.5mm (0.15mm 이하)**	□ 양 호 ☑ 불 량	**크랭크축 메인저널 진원 절삭 및 언더사이즈(U/S)로 수정 후 재점검**	

[측정값 산출근거]
- ( )번 메인저널 마모량=( )번 메인저널 외경 기준값-( )번 메인저널 외경 최소 측정값
- (1)번 크랭크축 메인저널 외경 기준값 : 46.5mm
- (1)번 크랭크축 메인저널 외경 최소 측정값 : 45.87mm
- 46.5mm-45.87mm=0.63mm

∴ 측정값 : 0.63mm

② 메인저널 마모량이 언더사이즈 수정한계값(1.00mm) 초과인 경우(1.00mm 초과)

측정 항목	① 측정(또는 점검)		② 판정 및 정비(또는 조치)사항		득 점
	측정값	규정(정비한계)값	판 정 (□에 "V"표)	정비 및 조치사항	
메인저널 마모량	**1.21mm**	**46.5mm (0.15mm 이하)**	□ 양 호 ☑ 불 량	**크랭크축 교환 후 재점검**	

[측정값 산출근거]
- ( )번 메인저널 마모량=( )번 메인저널 외경 기준값-( )번 메인저널 외경 최소 측정값
- (1)번 크랭크축 메인저널 외경 기준값 : 46.5mm
- (1)번 크랭크축 메인저널 외경 최소 측정값 : 45.29mm
- 46.5mm-45.29mm=1.21mm

∴ 측정값 : 1.21mm

〈크랭크축 메인저널 지름 기준값이 50mm 이상인 경우〉

1. 양호

메인저널 마모량이 마모한계값 범위 이내인 경우(0.20mm 이하)

측정 항목	① 측정(또는 점검)		② 판정 및 정비(또는 조치)사항		득 점
	측정값	규정(정비한계)값	판 정 (□에 "V"표)	정비 및 조치사항	
메인저널 마모량	**0.18mm**	**58.0mm (0.20mm 이하)**	☑ 양 호 □ 불 량	**정비 및 조치사항 없음**	

[측정값 산출근거]
- ( )번 메인저널 마모량=( )번 메인저널 외경 기준값-( )번 메인저널 외경 최소 측정값
- (1)번 크랭크축 메인저널 외경 기준값 : 58.0mm
- (1)번 크랭크축 메인저널 외경 최소 측정값 : 57.82mm

• 58.0mm－57.82mm＝0.18mm

∴ 측정값 : 0.18mm

2. 불 량

① 메인저널 마모량이 마모한계값 범위 초과 언더사이즈 수정한계값(1.50mm) 이하인 경우 (0.20mm 초과 1.50mm 이하)

측정 항목	① 측정(또는 점검)		② 판정 및 정비(또는 조치)사항		득 점
	측정값	규정(정비한계)값	판 정 (□에 "v"표)	정비 및 조치사항	
메인저널 마모량	**0.24mm**	**58.0mm (0.20mm 이하)**	□ 양 호 ☑ 불 량	**크랭크축 메인저널 진원 절삭 및 언더사이즈(U/S)로 수정 후 재점검**	

[측정값 산출근거]

• (   )번 메인저널 마모량＝(   )번 메인저널 외경 기준값－(   )번 메인저널 외경 최소 측정값

• (1)번 크랭크축 메인저널 외경 기준값 : 58.0mm

• (1)번 크랭크축 메인저널 외경 최소 측정값 : 57.76mm

• 58.0mm－57.76mm＝0.24mm

∴ 측정값 : 0.24mm

② 메인저널 마모량이 언더사이즈 수정한계값(1.50mm) 초과인 경우(1.50mm 초과)

측정 항목	① 측정(또는 점검)		② 판정 및 정비(또는 조치)사항		득 점
	측정값	규정(정비한계)값	판 정 (□에 "v"표)	정비 및 조치사항	
메인저널 마모량	**1.68mm**	**58.0mm (0.20mm 이하)**	□ 양 호 ☑ 불 량	**크랭크축 교환 후 재점검**	

[측정값 산출근거]

• (   )번 메인저널 마모량＝(   )번 메인저널 외경 기준값－(   )번 메인저널 외경 최소 측정값

• (1)번 크랭크축 메인저널 외경 기준값 : 58.0mm

• (1)번 크랭크축 메인저널 외경 최소 측정값 : 56.32mm

• 58.0mm－56.32mm＝1.68mm

∴ 측정값 : 1.68mm

TIP

크랭크축 저널 마모량과 크랭크축 저널 오일간극을 혼동하지 마세요.

- 크랭크축 저널 마모량=크랭크축 저널 외경 기준값-크랭크축 저널 외경 최소 측정값
- 크랭크축 저널 오일간극=크랭크축 저널 베어링 내경 최소 측정값-크랭크축 저널 외경 최대 측정값

참 고

크랭크축 메인저널 지름 기준값에 따른 마모한계값, 언더사이즈 수정한계값을 암기하세요.

크랭크축 메인저널 지름 기준값	마모한계값	언더사이즈(U/S) 수정한계값
50mm 이하	0.15mm	1.00mm
50mm 이상	0.20mm	1.50mm

시험안 7

실린더 헤드 변형도 점검

주어진 DOHC 가솔린엔진에서 실린더 헤드를 탈거(시험위원에게 확인)하고, 시험위원의 지시에 따라 기록표의 내용대로 기록·판정한 후 다시 조립하시오.

답안지작성법

1. 양호

① 변형도가 규정값 범위 이내인 경우(0.03mm 이하)

측정 항목	① 측정(또는 점검)		② 판정 및 정비(또는 조치)사항		득 점
	측정값	규정(정비한계)값	판 정 (□에 "v"표)	정비 및 조치사항	
실린더 헤드 변형도	**0.01mm**	**0.03mm 이하 (0.2mm)**	☑ 양 호 □ 불 량	**정비 및 조치사항 없음**	

② 변형도가 규정값 범위 초과 한계값 범위 이하인 경우(0.03mm 초과 0.2mm 이하)

측정 항목	① 측정(또는 점검)		② 판정 및 정비(또는 조치)사항		득 점
	측정값	규정(정비한계)값	판 정 (□에 "v"표)	정비 및 조치사항	
실린더 헤드 변형도	**0.08mm**	**0.03mm 이하 (0.2mm)**	☑ 양 호 □ 불 량	**정비 및 조치사항 없음**	

2. 불량

변형도가 한계값 범위 초과인 경우(0.2mm 초과)

측정 항목	① 측정(또는 점검)		② 판정 및 정비(또는 조치)사항		득 점
	측정값	규정(정비한계)값	판 정 (□에 "v"표)	정비 및 조치사항	
실린더 헤드 변형도	**0.23mm**	**0.03mm 이하 (0.2mm)**	□ 양 호 ☑ 불 량	**실린더 헤드 교환 후 재점검**	

TIP

- 실린더 헤드 변형도를 6~7개소 측정하여 그 중 최대 측정값을 답안지에 작성합니다.

시험안 8

실린더 압축압력 점검

주어진 가솔린엔진에서 에어크리너(어셈블리)와 점화플러그를 모두 탈거(시험위원에게 확인)하고, 시험위원의 지시에 따라 기록표의 내용대로 기록·판정한 후 다시 조립하시오.

답안지작성법

1. 양호

압축압력이 규정값 범위 이내인 경우(10.5~16.5kgf/cm^2)

측정 항목	① 측정(또는 점검)		② 판정 및 정비(또는 조치)사항		득 점
	측정값	규정(정비한계)값	판 정 (□에 "v"표)	정비 및 조치사항	
실린더 압축압력	12kgf/cm^2	15kgf/cm^2	☑ 양 호 □ 불 량	**정비 및 조치사항 없음**	

[규정값 범위 산출근거]

- 압축압력 정상 : 규정값(규정압력)의 70~110% 이내
- 압축압력 낮음 : 규정값(규정압력)의 70% 미만
- 압축압력 높음 : 규정값(규정압력)의 110% 초과
- (15kgf/cm^2×0.7)~(15kgf/cm^2×1.1)=10.5kgf/cm^2~16.5kgf/cm^2

  ∴ 압축압력 규정값 범위 : 10.5~16.5kgf/cm^2

2. 불량

① 압축압력이 규정값 범위 미만인 경우(10.5kgf/cm^2 미만)

측정 항목	① 측정(또는 점검)		② 판정 및 정비(또는 조치)사항		득 점
	측정값	규정(정비한계)값	판 정 (□에 "v"표)	정비 및 조치사항	
실린더 압축압력	8.6kgf/cm^2	15kgf/cm^2	□ 양 호 ☑ 불 량	**습식시험 후 재점검**	

[규정값 범위 산출근거]

- 압축압력 정상 : 규정값(규정압력)의 70~110% 이내
- 압축압력 낮음 : 규정값(규정압력)의 70% 미만

• 압축압력 높음 : 규정값(규정압력)의 110% 초과
• $(15kgf/cm^2 \times 0.7) \sim (15kgf/cm^2 \times 1.1) = 10.5kgf/cm^2 \sim 16.5kgf/cm^2$
∴ 압축압력 규정값 범위 : $10.5 \sim 16.5kgf/cm^2$

② 압축압력이 규정값 범위 초과인 경우($16.5kgf/cm^2$ 초과)

측정 항목	① 측정(또는 점검)		② 판정 및 정비(또는 조치)사항		득 점
	측정값	규정(정비한계)값	판 정 (□에 "v"표)	정비 및 조치사항	
실린더 압축압력	**17.1kgf/cm²**	**15kgf/cm²**	□ 양 호 ☑ 불 량	**연소실 카본 제거 후 재점검**	

[규정값 범위 산출근거]
• 압축압력 정상 : 규정값(규정압력)의 70~110% 이내
• 압축압력 낮음 : 규정값(규정압력)의 70% 미만
• 압축압력 높음 : 규정값(규정압력)의 110% 초과
• $(15kgf/cm^2 \times 0.7) \sim (15kgf/cm^2 \times 1.1) = 10.5kgf/cm^2 \sim 16.5kgf/cm^2$
∴ 압축압력 규정값 범위 : $10.5 \sim 16.5kgf/cm^2$

TIP

◎ 규정값(규정압력)만 주어지기 때문에 규정값 범위[규정값(규정압력)의 70~110% 이내] 산출근거는 암기하세요.

시험안 9

크랭크축 축방향 유격 점검

주어진 가솔린엔진에서 크랭크축을 탈거(시험위원에게 확인)하고, 시험위원의 지시에 따라 기록표의 내용대로 기록·판정한 후 다시 조립하시오.

답안지작성법

1. 양호

① 축방향 유격(앤드 플레이)이 규정값 범위 이내인 경우(0.04~0.17mm)

측정 항목	① 측정(또는 점검)		② 판정 및 정비(또는 조치)사항		득 점
	측정값	규정(정비한계)값	판 정 (□에 "v"표)	정비 및 조치사항	
크랭크축 축방향 유격	0.08mm	0.04~0.17mm (0.25mm)	☑ 양 호 □ 불 량	**정비 및 조치사항 없음**	

② 축방향 유격(앤드 플레이)이 규정값 범위 초과 한계값 이하인 경우(0.17mm 초과 0.25 mm 이하)

측정 항목	① 측정(또는 점검)		② 판정 및 정비(또는 조치)사항		득 점
	측정값	규정(정비한계)값	판 정 (□에 "v"표)	정비 및 조치사항	
크랭크축 축방향 유격	0.2mm	0.04~0.17mm (0.25mm)	☑ 양 호 □ 불 량	**정비 및 조치사항 없음**	

2. 불량

축방향 유격(앤드 플레이)이 한계값 초과인 경우(0.25mm 초과)

측정 항목	① 측정(또는 점검)		② 판정 및 정비(또는 조치)사항		득 점
	측정값	규정(정비한계)값	판 정 (□에 "v"표)	정비 및 조치사항	
크랭크축 축방향 유격	0.29mm	0.04~0.17mm (0.25mm)	□ 양 호 ☑ 불 량	**스러스트 베어링 교환 후 재점검**	

TIP

◎ 크랭크축 축방향 유격(앤드 플레이)은 사용할수록 점점 커지므로, 일반적으로 크랭크축 축방향 유격(앤드 플레이)은 규정값 범위 이상으로 측정됩니다.

참 고

만약, 크랭크축 축방향 유격(앤드 플레이)이 규정값 범위 미만인 경우에는 스러스트 베어링 교환 후 재점검으로 작성합니다.

시험안 10

크랭크축 오일간극 점검

주어진 가솔린엔진에서 크랭크축과 메인 베어링을 탈거(시험위원에게 확인)하고, 시험위원의 지시에 따라 기록표의 내용대로 기록·판정한 후 다시 조립하시오.

답안지작성법

1. 양호

① 오일간극이 규정값 범위 이내인 경우(0.03~0.05mm)

측정 항목	① 측정(또는 점검)		② 판정 및 정비(또는 조치)사항		득 점
	측정값	규정(정비한계)값	판 정 (□에 "v"표)	정비 및 조치사항	
크랭크축 메인저널 오일간극	0.038mm	0.03~0.05mm (0.1mm)	☑ 양 호 □ 불 량	정비 및 조치사항 없음	

② 오일간극이 규정값 범위 초과 한계값 이하인 경우(0.05mm 초과 0.1mm 이하)

측정 항목	① 측정(또는 점검)		② 판정 및 정비(또는 조치)사항		득 점
	측정값	규정(정비한계)값	판 정 (□에 "v"표)	정비 및 조치사항	
크랭크축 메인저널 오일간극	0.051mm	0.03~0.05mm (0.1mm)	☑ 양 호 □ 불 량	정비 및 조치사항 없음	

2. 불량

오일간극이 한계값 초과인 경우(0.1mm 초과)

측정 항목	① 측정(또는 점검)		② 판정 및 정비(또는 조치)사항		득 점
	측정값	규정(정비한계)값	판 정 (□에 "v"표)	정비 및 조치사항	
크랭크축 메인저널 오일간극	0.12mm	0.03~0.05mm (0.1mm)	□ 양 호 ☑ 불 량	크랭크축 메인저널 진원 절삭 및 언더사이즈(U/S)로 수정 후 언더사이즈(U/S) 베어링으로 교환하여 재점검	

TIP

- 크랭크축 메인저널 오일간극 점검은 주로 플라스틱 게이지를 이용하여 측정합니다. 이때 측정값은 게이지에 적힌 4개의 값 중 하나입니다.
- 크랭크축 저널 마모량과 크랭크축 저널 오일간극을 혼동하지 마세요.
  - 크랭크축 저널 마모량=크랭크축 저널 외경 기준값-크랭크축 저널 외경 최소 측정값
  - 크랭크축 저널 오일간극=크랭크축 저널 베어링 내경 최소 측정값-크랭크축 저널 외경 최대 측정값
- 크랭크축 메인저널 및 베어링은 사용할수록 마모되므로 오일간극이 점점 커지므로, 일반적으로 크랭크축 메인저널 오일간극은 규정값 범위 이상으로 측정됩니다.

참 고

만약, 크랭크축 메인저널 오일간극이 규정값 범위 미만인 경우에는 크랭크축 메인저널 진원 절삭 및 언더사이즈(U/S)로 수정 후 언더사이즈(U/S) 베어링으로 교환하여 재점검으로 작성합니다.

시험안 11

캠축 휨 점검

주어진 DOHC 가솔린엔진에서 실린더 헤드와 캠축을 탈거(시험위원에게 확인)하고, 시험위원의 지시에 따라 기록표의 내용대로 기록·판정한 후 다시 조립하시오.

답안지작성법

1. 양호

캠축 휨량이 규정값 범위 이내인 경우

측정 항목	① 측정(또는 점검)		② 판정 및 정비(또는 조치)사항		득 점
	측정값	규정(정비한계)값	판 정 (□에 "v"표)	정비 및 조치사항	
캠축 휨	**0.01mm**	**0.02mm 이내**	☑ 양 호 □ 불 량	**정비 및 조치사항 없음**	

[측정값 산출근거]

- 캠축의 휨량=캠축 1회전 시 다이얼게이지 지침이 움직인 전체 값÷2
- 캠축 1회전 시 다이얼게이지 지침이 움직인 전체 값 : 0.02mm
- 0.02mm÷2=0.01mm

∴ 측정값 : 0.01mm

2. 불량

캠축 휨량이 규정값 범위 초과인 경우(0.02mm 초과)

측정 항목	① 측정(또는 점검)		② 판정 및 정비(또는 조치)사항		득 점
	측정값	규정(정비한계)값	판 정 (□에 "v"표)	정비 및 조치사항	
캠축 휨	**0.03mm**	**0.02mm 이내**	□ 양 호 ☑ 불 량	**캠축 교환 후 재점검**	

[측정값 산출근거]

- 캠축의 휨량=캠축 1회전 시 다이얼게이지 지침이 움직인 전체 값÷2
- 캠축 1회전 시 다이얼게이지 지침이 움직인 전체 값 : 0.06mm
- 0.06mm÷2=0.03mm

∴ 측정값 : 0.03mm

TIP

- 축의 휨량은 축 1회전 시 다이얼게이지 지침이 움직인 전체 값 ÷2입니다. 반드시 '÷2'를 해야 합니다.
- 축의 휨량 계산 시 소수점 처리는 시험위원이 제시한 조건을 따릅니다. 만약, 소수점 처리에 대한 언급이 없다면 계산한 값을 그대로 작성합니다.

MEMO

시험안 12

플라이휠 런 아웃 점검

주어진 디젤엔진에서 크랭크축을 탈거(시험위원에게 확인)하고, 시험위원의 지시에 따라 기록표의 내용대로 기록·판정한 후 다시 조립하시오.

답안지작성법

1. 양호

런 아웃이 규정값 범위 이내인 경우

측정 항목	① 측정(또는 점검)		② 판정 및 정비(또는 조치)사항		득 점
	측정값	규정(정비한계)값	판 정 (□에 "v"표)	정비 및 조치사항	
플라이휠 런 아웃	**0.06mm**	**0.13mm 이하**	☑ 양 호 □ 불 량	**정비 및 조치사항 없음**	

2. 불량

런 아웃이 규정값 범위 초과인 경우(0.13mm 초과)

측정 항목	① 측정(또는 점검)		② 판정 및 정비(또는 조치)사항		득 점
	측정값	규정(정비한계)값	판 정 (□에 "v"표)	정비 및 조치사항	
플라이휠 런 아웃	**0.22mm**	**0.13mm 이하**	□ 양 호 ☑ 불 량	**플라이휠 교환 후 재점검**	

TIP

- 런 아웃(Run Out)은 흔들림을 뜻합니다.

시험안 13

예열플러그 저항 점검

주어진 전자제어 디젤(CRDI)엔진에서 인젝터(1개)와 예열플러그(1개)을 탈거(시험위원에게 확인)하고, 시험위원의 지시에 따라 기록표의 내용대로 기록·판정한 후 다시 조립하시오.

답안지작성법

1. 양호

예열플러그 저항이 규정값 범위 이내인 경우

측정 항목	① 측정(또는 점검)		② 판정 및 정비(또는 조치)사항		득 점
	측정값	규정(정비한계)값	판 정 (□에 "V"표)	정비 및 조치사항	
예열플러그 저항	**0.3Ω/20℃**	**0.25~0.35Ω/20℃**	☑ 양 호 ☐ 불 량	**정비 및 조치사항 없음**	

2. 불량

① 예열플러그 저항이 규정값 범위 미만인 경우(0.25Ω 미만/20℃)

측정 항목	① 측정(또는 점검)		② 판정 및 정비(또는 조치)사항		득 점
	측정값	규정(정비한계)값	판 정 (□에 "V"표)	정비 및 조치사항	
예열플러그 저항	**0.21Ω/20℃**	**0.25~0.35Ω/20℃**	☐ 양 호 ☑ 불 량	**예열플러그 교환 후 재점검**	

② 예열플러그 저항이 규정값 범위 초과인 경우(0.35Ω 초과/20℃)

측정 항목	① 측정(또는 점검)		② 판정 및 정비(또는 조치)사항		득 점
	측정값	규정(정비한계)값	판 정 (□에 "V"표)	정비 및 조치사항	
예열플러그 저항	**0.37Ω/20℃**	**0.25~0.35Ω/20℃**	☐ 양 호 ☑ 불 량	**예열플러그 교환 후 재점검**	

TIP

- 측정값 작성 시 반드시 규정값에 제시한 단위와 측정조건으로 작성합니다 (예 0.37Ω/20℃).
- 예열플러그 저항을 점검하기 전에 테스터기의 빨간색 프로브와 검정색 프로브를 단락시킨 후 테스터기에 뜨는 저항을 측정합니다. 이때 측정한 저항이 기준점입니다. 그런 다음 예열플러그 저항을 측정한 후 기준점이 되는 저항만큼을 빼주면 순수한 예열플러그 저항값입니다.

MEMO

시험안 14

실린더 간극 점검

주어진 DOHC 가솔린엔진에서 실린더 헤드와 피스톤(1개)을 탈거(시험위원에게 확인)하고, 시험위원의 지시에 따라 기록표의 내용대로 기록·판정한 후 다시 조립하시오.

답안지작성법

1. 양호

① 실린더 간극이 규정값 범위 이내인 경우(0.02~0.04mm)

측정 항목	① 측정(또는 점검)		② 판정 및 정비(또는 조치)사항		득 점
	측정값	규정(정비한계)값	판 정 (□에 "V"표)	정비 및 조치사항	
실린더 간극	**0.025mm**	**0.02~0.04mm (0.15mm)**	☑ 양 호 ☐ 불 량	**정비 및 조치사항 없음**	

[측정값 산출근거]

- ( )번 실린더 간극=( )번 실린더 내경(최소측정값)−( )번 피스톤 스커트부 외경(최대측정값)
- (1)번 실린더 내경(최소측정값) : 74.560mm
- (1)번 피스톤 스커트부 외경(최대측정값) : 74.535mm
- 74.560mm−74.535mm=0.025mm

  ∴ 측정값 : 0.025mm

② 실린더 간극이 규정값 범위 초과 한계값 이하인 경우(0.04mm 초과 0.15mm 이하)

측정 항목	① 측정(또는 점검)		② 판정 및 정비(또는 조치)사항		득 점
	측정값	규정(정비한계)값	판 정 (□에 "V"표)	정비 및 조치사항	
실린더 간극	**0.11mm**	**0.02~0.04mm (0.15mm)**	☑ 양 호 ☐ 불 량	**정비 및 조치사항 없음**	

[측정값 산출근거]

- ( )번 실린더 간극=( )번 실린더 내경(최소측정값)−( )번 피스톤 스커트부 외경(최대측정값)
- (1)번 실린더 내경(최소측정값) : 74.58mm

• (　1　)번 피스톤 스커트부 외경(최대측정값) : 74.47mm
• 74.58mm－74.47mm＝0.11mm
∴ 측정값 : 0.11mm

2. 불량

실린더 간극이 한계값 초과인 경우(0.15mm 초과)

측정 항목	① 측정(또는 점검)		② 판정 및 정비(또는 조치)사항		득 점
	측정값	규정(정비한계)값	판 정 (□에 "v"표)	정비 및 조치사항	
실린더 간극	**0.17mm**	**0.02~0.04mm (0.15mm)**	□ 양 호 ☑ 불 량	**실린더 블록을 오버사이즈(O/S)로 보링 후 오버사이즈(O/S) 피스톤으로 교환하여 재점검**	

[측정값 산출근거]

• (　　)번 실린더 간극＝(　　)번 실린더 내경(최소측정값)－(　　)번 피스톤 스커트부 외경(최대측정값)
• (　1　)번 실린더 내경(최소측정값) : 73.77mm
• (　1　)번 피스톤 스커트부 외경(최대측정값) : 73.60mm
• 73.77mm－73.60mm＝0.17mm
∴ 측정값 : 0.17mm

TIP

◎ 실린더 및 피스톤은 사용할수록 마모되어 실린더 간극이 점점 커지므로, 일반적으로 실린더 간극은 규정값 범위 이상으로 측정됩니다.

시험안 15

피스토링 이음간극 점검

주어진 가솔린엔진에서 실린더 헤드와 피스톤(1개)을 탈거(시험위원에게 확인)하고, 시험위원의 지시에 따라 기록표의 내용대로 기록·판정한 후 다시 조립하시오.

답안지작성법

1. 양호

① 링 이음간극이 규정값 범위 이내인 경우(0.3~0.43mm)

측정 항목	① 측정(또는 점검)		② 판정 및 정비(또는 조치)사항		득 점
	측정값	규정(정비한계)값	판 정 (□에 "v"표)	정비 및 조치사항	
피스톤링 이음간극	0.35mm	0.3~0.43mm (0.8mm)	☑ 양 호 □ 불 량	**정비 및 조치사항 없음**	

② 링 이음간극이 규정값 범위 초과 한계값 이하인 경우(0.43mm 초과 0.8mm 이하)

측정 항목	① 측정(또는 점검)		② 판정 및 정비(또는 조치)사항		득 점
	측정값	규정(정비한계)값	판 정 (□에 "v"표)	정비 및 조치사항	
피스톤링 이음간극	0.56mm	0.3~0.43mm (0.8mm)	☑ 양 호 □ 불 량	**정비 및 조치사항 없음**	

2. 불량

① 링 이음간극이 규정값 범위 미만인 경우(0.3mm 미만)

측정 항목	① 측정(또는 점검)		② 판정 및 정비(또는 조치)사항		득 점
	측정값	규정(정비한계)값	판 정 (□에 "v"표)	정비 및 조치사항	
피스톤링 이음간극	0.14mm	0.3~0.43mm (0.8mm)	□ 양 호 ☑ 불 량	**피스톤 링 교환 후 재점검**	

② 링 이음간극이 한계값 초과인 경우(0.8mm 초과)

측정 항목	① 측정(또는 점검)		② 판정 및 정비(또는 조치)사항		득 점
	측정값	규정(정비한계)값	판 정 (□에 "v"표)	정비 및 조치사항	
피스톤링 이음간극	**0.96mm**	**0.3~0.43mm (0.8mm)**	□ 양 호 ☑ 불 량	**피스톤 링 교환 후 재점검**	

TIP

- 피스톤 헤드를 이용하여 피스톤 링을 실린더 블록 하사점 위치까지 밀어 넣고 측정합니다.
- 피스톤 링은 압축링 2개, 오일링 1개로 구성되어 있습니다.

시험안 1~15

엔진 센서(액추에이터) 점검

주어진 자동차에서	(1안)	엔진의 공회전조절장치	(을)를 탈거(시험위원에게 확인)한 후 다시 조립하고, 시험위원의 지시에 따라 진단기(스캐너)를 사용하여 엔진의 각종 센서(액추에이터) 점검 후 고장부분을 기록하시오.
	(2안)	엔진의 인젝터 1개	
	(3안)	엔진의 흡입공기유량센서	
	(4안)	CRDI엔진의 연료압력조절밸브	
	(5안)	전자제어 디젤(CRDI)엔진의 예열플러그(예열장치) 1개	
	(6안)	엔진의 스로틀보디	
	(7안)	LPG엔진의 점화플러그와 배선	
	(8안)	LPG엔진의 점화코일	
	(9안)	LPG엔진의 맵센서(공기유량센서)	
	(10안)	가솔린엔진의 연료펌프	
	(11안)	엔진의 연료펌프	
	(12안)	엔진의 연료펌프	
	(13안)	엔진의 공기유량센서(AFS)와 에어필터	
	(14안)	엔진의 공기유량센서(AFS)와 에어필터	
	(15안)	엔진의 공기유량센서(AFS)와 에어필터	

답안지작성법

〈TPS 불량의 경우〉

1. 불량

① 자기진단 항목에서 고장코드가 뜨고, 센서 출력(또는 서비스데이터) 항목에서 측정값이 계속 변하지 않고 특정한 값으로 고정되어 나오고, 육안검사 시 센서(액추에이터) 커넥터가 탈거된 경우

측정 항목	① 측정(또는 점검)			② 판정 및 정비(또는 조치)사항		득 점
	고장부위	측정값	규정값	고장내용	정비 및 조치사항	
센서(액추에이터) 점검	**TPS**	**5.0V/공회전 시**	**1~2V/공회전 시**	**커넥터 탈거**	**TPS 커넥터 결합 후 과거기억 소거 후 재점검**	

※ 자기진단 항목에서 뜨는 고장코드 : P0630 TPS 신호 이상

② 자기진단 항목에서 고장코드가 뜨고, 센서 출력(또는 서비스데이터) 항목에서 측정값이 계속 변하지 않고 특정한 값으로 고정되어 나오거나 규정값 범위를 벗어났지만 센서(액추에이터) 커넥터가 결합되어 있는 경우

측정 항목	① 측정(또는 점검)			② 판정 및 정비(또는 조치)사항		득 점
	고장부위	측정값	규정값	고장내용	정비 및 조치사항	
센서 (액추에이터) 점검	**TPS**	**5.0V/공회전 시**	**1~2V/공회전 시**	**센서 불량**	**TPS 교환 후 과거기억 소거 후 재점검**	

※ 자기진단 항목에서 뜨는 고장코드 : P0630 TPS 신호 이상

③ 자기진단 항목에서 고장코드가 떴으나 센서 출력(또는 서비스데이터) 항목에서 측정값이 규정값 범위 이내인 경우

측정 항목	① 측정(또는 점검)			② 판정 및 정비(또는 조치)사항		득 점
	고장부위	측정값	규정값	고장내용	정비 및 조치사항	
센서 (액추에이터) 점검	**TPS**	**1.3V/공회전 시**	**1~2V/공회전 시**	**과거기억 미소거**	**TPS 고장코드 과거기억 소거 후 재점검**	

※ 자기진단 항목에서 뜨는 고장코드 : P0630 TPS 신호 이상

TIP

- 고장코드에 'TPS 신호 이상'이 떴을 경우 '고장내용'에 '신호 이상'을 그대로 쓰면 안 됩니다. 왜 신호 이상이 됐는지 확인하여 근본적인 원인을 작성합니다.
- 측정값 작성 시 반드시 규정값에 제시한 단위와 측정조건으로 작성합니다.
  예 5.0V/공회전 시

참 고

TPS 등 다른 센서(액추에이터)도 커넥터가 탈거되면 단선된 것과 같으므로 TTL·CMOS 전원전압이 측정되거나 페일세이프에 의해 특정한 값이 고정되어 측정됩니다
(예 TPS : 5.0V, WTS : −25.0℃, 레일압력센서 : 10.0bar 등).

시험안 1, 3, 5, 7, 9, 11, 13, 15

디젤 매연 측정(광투과식)

※ 본 문제는 검사항목으로서 시험위원이 차종, 연식, 기준값을 제시하지 않습니다.

| 주어진 디젤자동차에서 시험위원의 지시에 따라 매연을 측정하고 기록·판정하시오. |

답안지작성법

제작연도가 2002년인 승용 디젤자동차(터보·인터쿨러 장착)의 경우

1. 양호

측정값이 기준값 범위 이내인 경우

측정 항목	① 측정(또는 점검)				② 산출근거(계산) 및 판정		득 점
차종	연식	측정값	기준값	측정	산출근거(계산) 기록	판정 (□에 "v"표)	
승용	2002년	34%	50% 이하	1회 : 35.5% 2회 : 36.1% 3회 : 32.7%	$\frac{35.5+36.1+32.7}{3} \approx 34(\%)$	☑ 양 호 ☐ 불 량	

[기준값 산출근거]

- 2002년식 승용자동차 매연허용기준(%) : 45% 이하
- 터보 장착 차량 : 45%+5%=50%

∴ 기준값 : 50% 이하

2. 불량

측정값이 기준값 초과인 경우(50% 초과)

측정 항목	① 측정(또는 점검)				② 산출근거(계산) 및 판정		득 점
차종	연식	측정값	기준값	측정	산출근거(계산) 기록	판정 (□에 "v"표)	
승용	2002년	57%	50% 이하	1회 : 57.4% 2회 : 55.3% 3회 : 59.6%	$\frac{57.4+55.3+59.6}{3} \approx 57(\%)$	☐ 양 호 ☑ 불 량	

[기준값 산출근거]

• 2002년식 승용자동차 매연허용기준(%) : 45% 이하

• 터보 장착 차량 : 45%+5%=50%

∴ 기준값 : 50% 이하

TIP

- 기준값 작성 시 '이하'를 빠뜨리지 않고 작성합니다.
- 3개의 측정값을 소수점 첫째자리까지 모두 합하여 산술평균하고, 이때 산출한 값에서 소수점 첫째자리 이하를 버림하여 측정값을 작성합니다[예 57% (○), 57.4% (×)].
- 터보·인터쿨러 미장착 차량인 경우 : 기준값=해당 연식의 매연허용기준(%)
- 터보·인터쿨러 장착 차량인 경우 : 기준값=해당 연식의 매연허용기준(%)+5%
- 만약, 최초 3회 측정하여 3개의 측정값 중 최대값, 최소값이 5% 이상 차이가 나면 추가로 2회 측정하여 5개의 측정값 중 최대값, 최소값을 버린 나머지 3개의 측정값을 산술평균하여 측정값을 구합니다.
- 자동차 등록증에서 차대번호 10번째 자리(제작연도)를 판독하여 연식과 기준값을 작성합니다('최초등록일', '형식 및 연식'에 표기된 연도는 무시합니다).

참 고

'디젤자동차 매연허용기준', '자동차 제작연도 표기'는 모두 암기하세요.

[디젤자동차 매연허용기준]

차 종		제작연도		매연허용기준 (광 투과식)	비 고
경 자동차 승용 자동차		1995년 12월 31일 이전		60% 이하	
		1996년 1월 1일부터 2000년 12월 31일까지		55% 이하	
		2001년 1월 1일부터 2003년 12월 31일까지		45% 이하	
		2004년 1월 1일부터 2007년 12월 31일까지		40% 이하	
		2008년 1월 1일 이후		20% 이하	
승합·화물· 특수자동차	소형	1995년 12월 31일까지		60% 이하	
		1996년 1월 1일부터 2000년 12월 31일까지		55% 이하	
		2001년 1월 1일부터 2003년 12월 31일까지		45% 이하	
		2004년 1월 1일부터 2007년 12월 31일까지		40% 이하	
		2008년 1월 1일 이후		20% 이하	
	중형·대형	1992년 12월 31일 이전		60% 이하	
		1993년 1월 1일부터 1995년 12월 31일까지		55% 이하	
		1996년 1월 1일부터 1997년 12월 31일까지		45% 이하	
		1998년 1월 1일부터 2000년 12월 31일까지	시내버스	40% 이하	
			시내버스 외	45% 이하	
		2001년 1월 1일부터 2004년 09월 30일까지		45% 이하	
		2004년 10월 1일부터 2007년 12월 31일까지		40% 이하	
		2008년 1월 1일 이후		20% 이하	

[자동차 등록증 예시]

자동차 등록증

제 2003-0720 호 최초등록일 : 2003년 07월 04일

① 자동차 등록번호		90고0704	② 차 종	대형 승용	③ 용 도	자가용
④ 차 명		쏘렌토R	⑤ 형식 및 연식	XM73BB-S		2002
⑥ 차대번호		KNCSE01432K3568411	⑦ 원동기 형식	D5HB		
⑧ 사용본거지						
소유자	⑨ 성명(명칭)	윤흥수	⑩ 주민(사업자) 등록번호	******-*******		
	⑪ 주 소	경기도 가평군				

자동차관리법 제8조 규정에 의하여 위와 같이 등록하였음을 증명합니다.

2003 년 07 월 04 일

가평군수

[자동차 제작연도 표기(자동차 등록증에서 차대번호 10번째 자리는 제작연도를 의미)]

10번째 자리	M	N	P	R	S	T	V	W	X	Y
제작연도	1991년	1992년	1993년	1994년	1995년	1996년	1997년	1998년	1999년	2000년
10번째 자리	1	2	3	4	5	6	7	8	9	A
제작연도	2001년	2002년	2003년	2004년	2005년	2006년	2007년	2008년	2009년	2010년
10번째 자리	B	C	D	E	F	G	H	J	K	L
제작연도	2011년	2012년	2013년	2014년	2015년	2016년	2017년	2018년	2019년	2020년

시험안 2, 4, 6, 8, 10, 12, 14

가솔린 배기가스 측정

※ 본 문제는 검사항목으로서 시험위원이 기준값을 제시하지 않습니다.

주어진 가솔린자동차에서 시험위원의 지시에 따라 배기가스를 측정하여 기록·판정하시오.

답안지작성법

〈제작연도가 2017년인 중형 승용 가솔린자동차의 경우〉

1. 양호

CO, HC 둘 다 기준값 범위 이내인 경우

측정 항목	① 측정(또는 점검)		② 판정	득 점
	측정값	기준값	판정 (□에 "v"표)	
CO	**0.3%**	**2.5% 이하**	☑ 양 호 □ 불 량	
HC	**25ppm**	**400ppm 이하**		

2. 불량

① CO, HC 둘 중 하나라도 기준값 범위 초과인 경우(CO : 2.5% 초과 또는 HC : 400ppm 초과)

측정 항목	① 측정(또는 점검)		② 판정	득 점
	측정값	기준값	판정 (□에 "v"표)	
CO	**1.2%**	**2.5% 이하**	□ 양 호 ☑ 불 량	
HC	**548ppm**	**400ppm 이하**		

② CO, HC 둘 다 기준값 범위 초과인 경우(CO : 2.5% 초과 그리고 HC : 400ppm 초과)

측정 항목	① 측정(또는 점검)		② 판정	득 점
	측정값	기준값	판정 (□에 "v"표)	
CO	**4.7%**	**2.5% 이하**	□ 양 호 ☑ 불 량	
HC	**481ppm**	**400ppm 이하**		

TIP

- 가솔린 배기가스는 공회전 상태에서 측정합니다. 디젤 매연 측정(무부하 급가속 상태)과 착각하지 마세요.
- CO 측정값은 소수점 둘째자리 이하를 버림하여 작성합니다[예 2.8% (○), 2.85% (×)].
- CO, HC 둘 중 하나라도 불량이면 판정은 불량입니다.
- 자동차 등록증에서 차대번호 10번째 자리(제작연도)를 판독하여 연식과 기준값을 작성합니다('최초등록일', '형식 및 연식'에 표기된 연도는 무시).

참 고

'가솔린자동차 배출가스 허용기준', '자동차 제작연도 표기'는 모두 암기하세요.

[가솔린자동차 배기가스 허용기준]

차 종		제작연도	일산화탄소(CO)	탄화수소(HC)	공기과잉률(λ)
경 자동차		1988년 1월 1일부터 2000년 12월 31일까지	2.5% 이하	400ppm 이하	1±0.1 이내
		2001년 1월 1일부터 2003년 12월 31일까지	1.2% 이하	220ppm 이하	
		2004년 1월 1일 이후	1.0% 이하	150ppm 이하	
승용 자동차		1988년 1월 1일부터 2000년 12월 31일까지	1.2% 이하	• 220ppm 이하(휘발유, 알코올 자동차) • 400ppm 이하(가스 자동차)	
		2001년 1월 1일부터 2005년 12월 31일까지	1.2% 이하	220ppm 이하	
		2006년 1월 1일 이후	1.0% 이하	120 ppm 이하	
승합·화물·특수자동차	소 형	1990년 1월 1일부터 2003년 12월 31일까지	2.5% 이하	400ppm 이하	
		2004년 1월 1일 이후	1.2% 이하	220ppm 이하	
	중형·대형	2003년 12월 31일 이전	4.5% 이하	1200ppm 이하	
		2004년 1월 1일 이후	2.5% 이하	400ppm 이하	

[자동차 등록증 예시]

자동차 등록증

제 2003-0720 호 　　　　최초등록일 : 2018년 06월 30일

① 자동차 등록번호		90고0630	② 차 종	중형 승용	③ 용 도	자가용
④ 차 명		어코드	⑤ 형식 및 연식	FD-17GS-B5		2017
⑥ 차대번호		KMHDC51DBHU197413	⑦ 원동기 형식	G6FC		
⑧ 사용본거지						
소유자	⑨ 성명(명칭)	이고은	⑩ 주민(사업자) 등록번호	******-*******		
	⑪ 주 소	인천광역시 부평구				

자동차관리법 제8조 규정에 의하여 위와 같이 등록하였음을 증명합니다.

2018 년 06 월 30 일

인천광역시장

[자동차 제작연도 표기(자동차 등록증에서 차대번호 10번째 자리는 제작연도를 의미)]

10번째 자리	M	N	P	R	S	T	V	W	X	Y
제작연도	1991년	1992년	1993년	1994년	1995년	1996년	1997년	1998년	1999년	2000년
10번째 자리	1	2	3	4	5	6	7	8	9	A
제작연도	2001년	2002년	2003년	2004년	2005년	2006년	2007년	2008년	2009년	2010년
10번째 자리	B	C	D	E	F	G	H	J	K	L
제작연도	2011년	2012년	2013년	2014년	2015년	2016년	2017년	2018년	2019년	2020년

시험안 1, 2

캐스터각 및 캠버각 점검

주어진 자동차에서 시험위원의 지시에 따라 휠 얼라인먼트 시험기를 사용하여 캐스터각과 캠버각을 점검하여 기록·판정하시오.

답안지작성법

맥퍼슨 형식의 경우

1. 양호

캐스터각이 규정값 범위(+1.42~+3.42°)이고, 캠버각도 규정값 범위(−0.5~+0.5°)인 경우

측정 항목	① 측정(또는 점검)		② 판정 및 정비(또는 조치)사항		득 점
	측정값	규정(정비한계)값	판 정 (□에 "v"표)	정비 및 조치사항	
캐스터각	+2.77°	+2.42±1°	☑ 양 호 □ 불 량	**정비 및 조치사항 없음**	
캠버각	+0.49°	+0±0.5°			

2. 불량

① 캐스터각은 규정값 범위(+1.42~+3.42°) 이내이고, 캠버각이 규정값 범위(−0.5~+0.5°)를 벗어난 경우

측정 항목	① 측정(또는 점검)		② 판정 및 정비(또는 조치)사항		득 점
	측정값	규정(정비한계)값	판 정 (□에 "v"표)	정비 및 조치사항	
캐스터각	+3.33°	+2.42±1°	□ 양 호 ☑ 불 량	**캠버각 불량으로 스트럿 어셈블리 교환 후 재점검**	
캠버각	+1.0°	+0±0.5°			

② 캐스터각이 규정값 범위(+1.42~+3.42°)를 벗어났고, 캠버각이 규정값 범위(−0.5~+0.5°) 이내인 경우

측정 항목	① 측정(또는 점검)		② 판정 및 정비(또는 조치)사항		득 점
	측정값	규정(정비한계)값	판 정 (□에 "v"표)	정비 및 조치사항	
캐스터각	+1.2°	+2.42±1°	□ 양 호 ☑ 불 량	**캐스터각 불량으로 프레임 수정 후 재점검**	
캠버각	+0.0°	+0±0.5°			

③ 캐스터각이 규정값 범위(+1.42~+3.42°)를 벗어났고, 캠버각도 규정값 범위(−0.5~+0.5°)를 벗어난 경우

측정 항목	① 측정(또는 점검)		② 판정 및 정비(또는 조치)사항		득 점
	측정값	규정(정비한계)값	판 정 (□에 "V"표)	정비 및 조치사항	
캐스터각	**+4.63°**	**+2.42±1°**	□ 양 호 ☑ 불 량	**먼저 프레임을 수정하여 캐스터각을 재점검한 후 스트럿 어셈블리를 교환하여 캠버각을 재점검**	
캠버각	**−0.6°**	**+0±0.5°**			

TIP

- 측정값 작성 시 반드시 규정값에 제시한 부호(+, −)와 단위(°)로 작성합니다(예 −0.6°).
- 캐스터각, 캠버각 둘 중 하나라도 불량이면 판정은 불량입니다.

참 고

[일반적인 캐스터각, 캠버각 불량 시 정비 및 조치사항]

구 분	캐스터각 불량 시	캠버각 불량 시
맥퍼슨 형식	프레임 수정 후 재점검	스트럿 어셈블리 교환 후 재점검
더블 위시본 형식 (프레임 바디)	간극 심을 삽입 또는 배출하여 각도 조정 후 재점검	

- 캐스터각, 캠버각 동시에 불량일 경우 먼저 캐스터각을 조정한 후 캠버각을 조정합니다.
- 시험 시, 주어진 자동차의 현가방식과 고장상태를 확인 후 정비 및 조치사항을 작성하는 것이 가장 정확합니다.

시험안 1, 8

인히비터 스위치 및 변속선택레버 위치 점검

주어진 자동차에서 시험위원의 지시에 따라 인히비터 스위치와 변속선택레버 위치를 점검하고, 기록·판정하시오.

답안지작성법

1. 양호

① 변속선택레버 위치와 인히비터 스위치 위치가 일치하는 경우

측정 항목	① 측정(또는 점검)		② 판정 및 정비(또는 조치)사항		득 점
	점검 위치	내용 및 상태	판 정 (□에 "v"표)	정비 및 조치사항	
변속선택레버	N	**변속선택레버와 인히비터 스위치 위치가 일치함**	☑ 양 호 □ 불 량	**정비 및 조치사항 없음**	
인히비터 스위치	N				

② 변속선택레버 위치와 인히비터 스위치 위치가 일치하는 경우

측정 항목	① 측정(또는 점검)		② 판정 및 정비(또는 조치)사항		득 점
	점검 위치	내용 및 상태	판 정 (□에 "v"표)	정비 및 조치사항	
변속선택레버	P	**변속선택레버와 인히비터 스위치 위치가 일치함**	☑ 양 호 □ 불 량	**정비 및 조치사항 없음**	
인히비터 스위치	P				

2. 불량

① 변속선택레버가 N이고, 인히비터 스위치가 N이 아닌 경우

측정 항목	① 측정(또는 점검)		② 판정 및 정비(또는 조치)사항		득 점
	점검 위치	내용 및 상태	판 정 (□에 "v"표)	정비 및 조치사항	
변속선택레버	N	**변속선택레버와 인히비터 스위치 위치가 미일치함**	□ 양 호 ☑ 불 량	**인히비터 스위치를 N으로 조정 후 재점검**	
인히비터 스위치	D				

② 변속선택레버가 N이 아니고, 인히비터 스위치가 N인 경우

측정 항목	① 측정(또는 점검)		② 판정 및 정비(또는 조치)사항		득 점
	점검 위치	내용 및 상태	판 정 (□에 "V"표)	정비 및 조치사항	
변속선택레버	P	**변속선택레버와 인히비터 스위치 위치가 미일치함**	□ 양 호 ☑ 불 량	**변속선택레버를 N으로 조정 후 재점검**	
인히비터 스위치	N				

③ 변속선택레버가 N이 아니고, 인히비터 스위치도 N이 아닌 경우

측정 항목	① 측정(또는 점검)		② 판정 및 정비(또는 조치)사항		득 점
	점검 위치	내용 및 상태	판 정 (□에 "V"표)	정비 및 조치사항	
변속선택레버	R	**변속선택레버와 인히비터 스위치 위치가 미일치함**	□ 양 호 ☑ 불 량	**변속선택레버 및 인히비터 스위치를 각각 N으로 조정 후 재점검**	
인히비터 스위치	D				

TIP

- 일반적으로 N을 기준으로 확인·조정하는 방식으로 작성합니다.
- 판정이 양호일 때도 '내용 및 상태'에 왜 정상인지에 대해 간단하게 작성합니다.

시험안 3

수동변속기 입력축 엔드 플레이 점검

주어진 수동변속기에서 시험위원의 지시에 따라 입력축 엔드 플레이를 점검하여 기록·판정하시오.

답안지작성법

1. 양호

엔드 플레이(축방향 유격)가 규정값 범위 이내인 경우

측정 항목	① 측정(또는 점검)		② 판정 및 정비(또는 조치)사항		득 점
	측정값	규정(정비한계)값	판 정 (□에 "v"표)	정비 및 조치사항	
압력축 앤드 플레이	0.03mm	0.01~0.09mm	☑ 양 호 □ 불 량	**정비 및 조치사항 없음**	

2. 불량

엔드 플레이(축방향 유격)가 규정값 범위 초과인 경우(0.09mm 초과)

측정 항목	① 측정(또는 점검)		② 판정 및 정비(또는 조치)사항		득 점
	측정값	규정(정비한계)값	판 정 (□에 "v"표)	정비 및 조치사항	
입력축 앤드 플레이	0.13mm	0.01~0.09mm	□ 양 호 ☑ 불 량	**스페이서 교환 후 재점검**	

TIP

- 입력축 엔드 플레이(축방향 유격)는 사용할수록 점점 커지는 것으로, 작아질 수 없습니다. 일반적으로 입력축 엔드 플레이(축방향 유격)는 규정값 범위 이상으로 측정됩니다.

참 고

만약, 입력축 엔드 플레이(축방향 유격)가 규정값 범위 미만인 경우에는 스페이서 교환 후 재점검으로 작성합니다.

시험안 4

조향 휠 유격 점검

※ 본 문제는 시험위원이 기준값을 제시하지 않습니다.

주어진 자동차에서 시험위원의 지시에 따라 휠 유격을 점검하여 기록·판정하시오.

답안지작성법

1. 양호

조향 휠 유격이 규정값 범위 이내인 경우

측정 항목	① 측정(또는 점검)		② 산출근거(계산) 및 판정		득 점
	측정값	기준값	산출근거(계산) 기록	판 정 (□에 "v"표)	
조향 휠 유격	33mm	47.5mm 이하	380mm×0.125=47.5mm	☑ 양 호 □ 불 량	

[기준값 산출근거]

- 조향 휠 유격 기준값 : 조향 휠 지름의 12.5% 이하
- 조향 휠 지름 : 380mm
- 380mm×0.125=47.5mm

∴ 기준값 : 47.5mm 이하

2. 불량

조향 휠 유격이 규정값 범위 초과인 경우(47.5mm 초과)

측정 항목	① 측정(또는 점검)		② 산출근거(계산) 및 판정		득 점
	측정값	기준값	산출근거(계산) 기록	판 정 (□에 "v"표)	
조향 휠 유격	49.2mm	47.5mm 이하	380mm×0.125=47.5mm	□ 양 호 ☑ 불 량	

[기준값 산출근거]

- 조향 휠 유격 기준값 : 조향 휠 지름의 12.5% 이하
- 조향 휠 지름 : 380mm
- 380mm×0.125=47.5mm

∴ 기준값 : 47.5mm 이하

TIP

- 기준값 산출근거(조향 휠 지름의 12.5% 이하)는 반드시 암기합니다.
- 기준값 작성 시 '이하'를 빠뜨리지 않고 작성합니다.

시험안 5

타이어 휠 밸런스 점검

주어진 자동차에서 시험위원의 지시에 따라 1개의 휠을 탈거하여 휠 밸런스 상태를 점검하여 기록·판정하시오.

답안지작성법

1. 양호

IN 측정값이 규정값과 같고, OUT 측정값도 규정값과 같은 경우

측정 항목	① 측정(또는 점검)		② 판정 및 정비(또는 조치)사항		득 점
	측정값	규정(정비한계)값	판 정 (□에 "v"표)	정비 및 조치사항	
타이어밸런스	IN : 0g	IN : 0g	☑ 양 호 □ 불 량	**정비 및 조치사항 없음**	
	OUT : 0g	OUT : 0g			

2. 불량

① IN 측정값이 규정값과 같고, OUT 측정값이 규정값과 다른 경우

측정 항목	① 측정(또는 점검)		② 판정 및 정비(또는 조치)사항		득 점
	측정값	규정(정비한계)값	판 정 (□에 "v"표)	정비 및 조치사항	
타이어밸런스	IN : 0g	IN : 0g	□ 양 호 ☑ 불 량	**OUT에 27g 수정납 장착 후 재점검 또는 휠 밸런스 조정 후 재점검**	
	OUT : 27g	OUT : 0g			

② IN 측정값이 규정값과 다르고, OUT 측정값이 규정값과 같은 경우

측정 항목	① 측정(또는 점검)		② 판정 및 정비(또는 조치)사항		득 점
	측정값	규정(정비한계)값	판 정 (□에 "v"표)	정비 및 조치사항	
타이어밸런스	IN : 15g	IN : 0g	□ 양 호 ☑ 불 량	**IN에 15g 수정납 장착 후 재점검 또는 휠 밸런스 조정 후 재점검**	
	OUT : 0g	OUT : 0g			

③ IN 측정값이 규정값과 다르고, OUT 측정값도 규정값과 다른 경우

측정 항목	① 측정(또는 점검)		② 판정 및 정비(또는 조치)사항		득 점
	측정값	규정(정비한계)값	판 정 (□에 "v"표)	정비 및 조치사항	
타이어밸런스	**IN : 45g**	**IN : 0g**	□ 양 호 ☑ 불 량	**IN에 45g, OUT에 5g 수정납 장착 후 재점검 또는 휠 밸런스 조정 후 재점검**	
	OUT : 5g	**OUT : 0g**			

TIP

- 측정값 작성 시 반드시 규정값에 제시한 단위와 측정조건으로 작성합니다(예 15g).
- IN, OUT 측정값 둘 중 하나라도 불량이면 판정은 불량입니다.

시험안 6

주차 레버 클릭수 점검

주어진 자동차에서 시험위원의 지시에 따라 주차브레이크 레버의 클릭수(노치)를 점검하여 기록·판정하시오.

답안지작성법

1. 양호

클릭수가 규정값 범위 이내인 경우

측정 항목	① 측정(또는 점검)		② 판정 및 정비(또는 조치)사항		득 점
	측정값	규정(정비한계)값	판 정 (□에 "v"표)	정비 및 조치사항	
주차 레버 클릭수(노치)	**6클릭/20kgf**	**6~8클릭/20kgf**	☑ 양 호 □ 불 량	**정비 및 조치사항 없음**	

2. 불량

① 클릭수가 규정값 범위 미만인 경우(6클릭 미만/20kgf)

측정 항목	① 측정(또는 점검)		② 판정 및 정비(또는 조치)사항		득 점
	측정값	규정(정비한계)값	판 정 (□에 "v"표)	정비 및 조치사항	
주차 레버 클릭수(노치)	**3클릭/20kgf**	**6~8클릭/20kgf**	□ 양 호 ☑ 불 량	**주차 레버 케이블 장력 조정 후 재점검**	

② 클릭수가 규정값 범위 초과인 경우(8클릭 초과/20kgf)

측정 항목	① 측정(또는 점검)		② 판정 및 정비(또는 조치)사항		득 점
	측정값	규정(정비한계)값	판 정 (□에 "v"표)	정비 및 조치사항	
주차 레버 클릭수(노치)	**10클릭/20kgf**	**6~8클릭/20kgf**	□ 양 호 ☑ 불 량	**주차 레버 케이블 장력 조정 후 재점검**	

TIP

- 측정값 작성 시 반드시 규정값에 제시한 단위와 측정조건으로 작성합니다(예 10클릭/20kgf).

시험안 7

브레이크 디스크 두께 및 흔들림 점검

주어진 자동차(ABS 장착차량)에서 시험위원의 지시에 따라 한쪽 브레이크 디스크의 두께 및 흔들림(런아웃)을 점검하여 기록·판정하시오.

답안지작성법

1. 양호

디스크 두께가 한계값 이상 규정값 이하(24.4~26mm)이고, 흔들림(런아웃)도 규정값 범위 이내인 경우

측정 항목	① 측정(또는 점검)		② 판정 및 정비(또는 조치)사항		득 점
	측정값	규정(정비한계)값	판 정 (□에 "v"표)	정비 및 조치사항	
디스크 두께	24.8mm	26mm(24.4mm)	☑ 양 호 □ 불 량	정비 및 조치사항 없음	
흔들림(런아웃)	0.02mm	0.04mm 이하			

2. 불량

① 디스크 두께가 한계값 이상 규정값 이하(24.4~26mm)이고, 흔들림(런아웃)이 규정값 범위 초과(0.04mm 초과)인 경우

측정 항목	① 측정(또는 점검)		② 판정 및 정비(또는 조치)사항		득 점
	측정값	규정(정비한계)값	판 정 (□에 "v"표)	정비 및 조치사항	
디스크 두께	25.8mm	26mm(24.4mm)	□ 양 호 ☑ 불 량	디스크 흔들림(런아웃) 불량으로 브레이크 디스크 교환 후 재점검	
흔들림(런아웃)	0.05mm	0.04mm 이하			

② 디스크 두께가 한계값 미만(24.4mm 미만)이고, 흔들림(런아웃)이 규정값 범위 이내인 경우

측정 항목	① 측정(또는 점검)		② 판정 및 정비(또는 조치)사항		득 점
	측정값	규정(정비한계)값	판 정 (□에 "v"표)	정비 및 조치사항	
디스크 두께	22.1mm	26mm(24.4mm)	□ 양 호 ☑ 불 량	디스크 두께 불량으로 브레이크 디스크 교환 후 재점검	
흔들림(런아웃)	0.03mm	0.04mm 이하			

③ 디스크 두께가 한계값 미만(24.4mm 미만)이고, 흔들림(런아웃)이 규정값 범위 초과(0.04mm 초과)인 경우

측정 항목	① 측정(또는 점검)		② 판정 및 정비(또는 조치)사항		득 점
	측정값	규정(정비한계)값	판 정 (□에 "∨"표)	정비 및 조치사항	
디스크 두께	**21.5mm**	**26mm(24.4mm)**	□ 양 호 ☑ 불 량	**디스크 두께, 흔들림(런아웃) 불량으로 브레이크 디스크 교환 후 재점검**	
흔들림(런아웃)	**0.07mm**	**0.04mm 이하**			

TIP

- 디스크 두께, 흔들림(런아웃) 측정값 둘 중 하나라도 불량이면 판정은 불량입니다.
- 디스크는 사용할수록 마모되므로 디스크 두께가 커질 수는 없습니다. 일반적으로 디스크 두께는 규정값 이하로 측정됩니다.

참 고

만약, 디스크 두께가 규정값 초과인 경우에는 디스크를 이종품으로 사용한 것이므로 브레이크 디스크 교환 후 재점검으로 작성합니다.

시험안 7, 13

자동변속기 오일압력 점검

주어진 자동차에서 시험위원의 지시에 따라 자동변속기의 오일압력을 점검하고, 기록·판정하시오.

답안지작성법

변속선택레버 위치가 R레인지이고, 엔진 회전수 2500rpm에서 로&리버스 브레이크(LR) 압력을 측정하는 경우

1. 양호

오일압력이 규정값 범위 이내인 경우

측정 항목	① 측정(또는 점검)		② 판정 및 정비(또는 조치)사항		득 점
	측정값	규정(정비한계)값	판 정 (□에 "V"표)	정비 및 조치사항	
자동변속기 오일압력	14kgf/cm^2/2500rpm	13~18kgf/cm^2/2500rpm	☑ 양 호 □ 불 량	**정비 및 조치사항 없음**	

2. 불량

① 오일압력이 규정값 범위 미만인 경우(13kgf/cm^2 미만/2500rpm)

측정 항목	① 측정(또는 점검)		② 판정 및 정비(또는 조치)사항		득 점
	측정값	규정(정비한계)값	판 정 (□에 "V"표)	정비 및 조치사항	
자동변속기 오일압력	10kgf/cm^2/2500rpm	13~18kgf/cm^2/2500rpm	□ 양 호 ☑ 불 량	**압력제어 솔레노이드 밸브(PCSV) 교환 후 재점검**	

② 오일압력이 규정값 범위 초과인 경우(18kgf/cm^2 초과/2500rpm)

측정 항목	① 측정(또는 점검)		② 판정 및 정비(또는 조치)사항		득 점
	측정값	규정(정비한계)값	판 정 (□에 "V"표)	정비 및 조치사항	
자동변속기 오일압력	21kgf/cm^2/2500rpm	13~18kgf/cm^2/2500rpm	□ 양 호 ☑ 불 량	**압력제어 솔레노이드 밸브(PCSV) 교환 후 재점검**	

TIP

- 측정값 작성 시 반드시 규정값에 제시한 단위와 측정조건으로 작성합니다 (예 21kgf/cm^2/2500rpm).

참 고

자동변속기 오일압력 불량 시 주어진 자동차의 고장 상태를 확인한 후 정비 및 조치사항을 작성하는 것이 가장 정확합니다. 그러나 변속기 구조와 형식, 각 클러치 및 브레이크마다 정비 및 조치사항이 다양하기 때문에 일반적으로 압력이 낮은 경우와 높은 경우 모두 '압력제어 솔레노이드 밸브(PCSV) 교환 후 재점검'으로 작성합니다.

MEMO

시험안 8, 15

자동변속기 오일량 및 오일상태 점검

주어진 자동차에서 시험위원의 지시에 따라 자동변속기의 오일량을 점검하여 기록·판정하시오.

답안지작성법

오일 상태(오일 색깔)는 정상(투명한 붉은 와인색)인 경우

1. 양호

오일량이 정상인 경우(대략 COLD선과 HOT선의 중간 지점)

측정 항목	① 측정(또는 점검)	② 판정 및 정비(또는 조치)사항		득 점
		판 정 (□에 "v"표)	정비 및 조치사항	
오일량	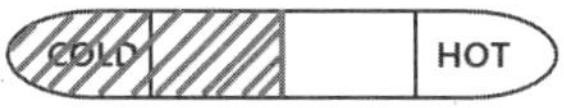	☑ 양 호 □ 불 량	**정비 및 조치사항 없음**	

[판정기준]

- 양호 : 오일이 대략 COLD선과 HOT선의 중간 지점에 찍히는 경우
- 불량
  - 오일이 대략 COLD선과 가까운 지점에 찍히는 경우 : 오일량 과소
  - 오일이 대략 HOT선과 가까운 지점에 찍히는 경우 : 오일량 과다

2. 불량

① 오일량이 과소한 경우(대략 COLD선과 가까운 지점)

측정 항목	① 측정(또는 점검)	② 판정 및 정비(또는 조치)사항		득 점
		판 정 (□에 "v"표)	정비 및 조치사항	
자동변속기 오일량	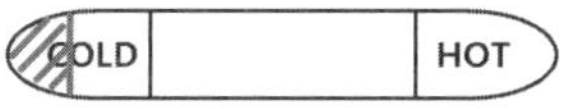	□ 양 호 ☑ 불 량	**자동변속기 오일을 보충하여 규정량으로 맞춘 후 재점검**	

[판정기준]

- 양호 : 오일이 대략 COLD선과 HOT선의 중간 지점에 찍히는 경우
- 불량
  - 오일이 대략 COLD선과 가까운 지점에 찍히는 경우 : 오일량 과소
  - 오일이 대략 HOT선과 가까운 지점에 찍히는 경우 : 오일량 과다

② 오일량이 과다한 경우(대략 HOT선과 가까운 지점)

측정 항목	① 측정(또는 점검)	② 판정 및 정비(또는 조치)사항		득 점
		판 정 (□에 "v"표)	정비 및 조치사항	
자동변속기 오일량		□ 양 호 ☑ 불 량	**자동변속기 오일을 배출하여 규정량으로 맞춘 후 재점검**	

[판정기준]

- 양호 : 오일이 대략 COLD선과 HOT선의 중간 지점에 찍히는 경우
- 불량
  - 오일이 대략 COLD선과 가까운 지점에 찍히는 경우 : 오일량 과소
  - 오일이 대략 HOT선과 가까운 지점에 찍히는 경우 : 오일량 과다

TIP

◎ 일반적으로 자동변속기 오일량은 엔진 시동을 걸고 웜업이 완료된 상태에서 측정합니다.

참 고

- 만약, 오일 상태(오일 색깔)와 오일량이 동시에 불량하다면 정비 및 조치사항에 자동변속기 오일을 교환하여 규정량으로 맞춘 후 재점검으로 작성합니다.
- 오일 상태(오일 색깔)에 따른 자동변속기 상태
  - 투명한 붉은 와인색 : 정상
  - 갈색 : 오일이 열화된 상태
  - 우유색 : 냉각수가 유입된 상태
  - 검은색 : 자동변속기 내부의 디스크 등 각 부품이 마모된 상태

시험안 9

종감속 기어 백래시 점검

주어진 자동차에서 시험위원의 지시에 따라 종감속기어의 백래시를 점검하여 기록·판정하시오.

답안지작성법

1. 양호

백래시가 규정값 범위 이내인 경우

측정 항목	① 측정(또는 점검)		② 판정 및 정비(또는 조치)사항		득 점
	측정값	규정(정비한계)값	판 정 (□에 "v"표)	정비 및 조치사항	
백래시	**0.09mm**	**0.08~0.13mm**	☑ 양 호 ☐ 불 량	**정비 및 조치사항 없음**	

2. 불량

백리시가 규정값 범위 초과인 경우(0.13mm 초과)

측정 항목	① 측정(또는 점검)		② 판정 및 정비(또는 조치)사항		득 점
	측정값	규정(정비한계)값	판 정 (□에 "v"표)	정비 및 조치사항	
백래시	**0.17mm**	**0.08~0.13mm**	☐ 양 호 ☑ 불 량	**심 두께 조정 후 재점검 (심 타입) 또는 스크루 조정 후 재점검(스크루 타입)**	

TIP

- 백래시는 기어 이빨과 기어 이빨 사이의 간극을 말합니다.
- 기어는 사용할수록 마모되므로 백래시는 작아질 수 없습니다. 일반적으로 백래시는 규정값 범위 이상으로 측정됩니다.

참 고

만약, 백래시가 규정값 범위 미만인 경우에는 백래시 조정이 잘못된 정비 상황이므로 심 두께 조정 후 재점검(심 타입) 또는 스크루 조정 후 재점검(스크루 타입)으로 작성합니다.

시험안 10

브레이크 페달 점검

주어진 자동차에서 시험위원의 지시에 따라 브레이크 페달의 작동상태를 점검하여 기록·판정하시오.

답안지작성법

1. 양호

작동거리가 규정값 범위 이내이고, 페달유격도 규정값 범위 이내인 경우

측정 항목	① 측정(또는 점검)		② 판정 및 정비(또는 조치)사항		득 점
	측정값	규정(정비한계)값	판 정 (□에 "v"표)	정비 및 조치사항	
작동거리	127mm	125~130mm	☑ 양 호 □ 불 량	정비 및 조치사항 없음	
페달유격	9mm	8~13mm			

2. 불량

① 작동거리가 규정값 범위 이내이고, 페달유격이 규정값 범위 미만(8mm 미만)인 경우

측정 항목	① 측정(또는 점검)		② 판정 및 정비(또는 조치)사항		득 점
	측정값	규정(정비한계)값	판 정 (□에 "v"표)	정비 및 조치사항	
작동거리	129mm	125~130mm	□ 양 호 ☑ 불 량	브레이크 페달유격 불량으로 마스터실린더 푸시로드 길이 조정 후 재점검	
페달유격	7mm	8~13mm			

② 작동거리가 규정값 범위 이내이고, 페달유격이 규정값 범위 초과(13mm 초과)인 경우

측정 항목	① 측정(또는 점검)		② 판정 및 정비(또는 조치)사항		득 점
	측정값	규정(정비한계)값	판 정 (□에 "v"표)	정비 및 조치사항	
작동거리	125mm	125~130mm	□ 양 호 ☑ 불 량	브레이크 페달유격 불량으로 마스터실린더 푸시로드 길이 조정 후 재점검	
페달유격	15mm	8~13mm			

③ 작동거리가 규정값 범위 미만(125mm 미만)이고, 페달유격이 규정값 범위 이내인 경우

측정 항목	① 측정(또는 점검)		② 판정 및 정비(또는 조치)사항		득 점
	측정값	규정(정비한계)값	판 정 (□에 "v"표)	정비 및 조치사항	
작동거리	123mm	125~130mm	□ 양 호 ☑ 불 량	**브레이크 페달 작동거리 불량으로 마스터실린더 푸시로드 길이 조정 후 재점검**	
페달유격	12mm	8~13mm			

④ 작동거리가 규정값 범위 초과(130mm 초과)이고, 페달유격이 규정값 범위 이내인 경우

측정 항목	① 측정(또는 점검)		② 판정 및 정비(또는 조치)사항		득 점
	측정값	규정(정비한계)값	판 정 (□에 "v"표)	정비 및 조치사항	
작동거리	131mm	125~130mm	□ 양 호 ☑ 불 량	**브레이크 페달 작동거리 불량으로 마스터실린더 푸시로드 길이 조정 후 재점검**	
페달유격	10mm	8~13mm			

⑤ 작동거리가 규정값 범위 미만(125mm 미만)이고, 페달유격도 규정값 범위 미만(8mm 미만)인 경우

측정 항목	① 측정(또는 점검)		② 판정 및 정비(또는 조치)사항		득 점
	측정값	규정(정비한계)값	판 정 (□에 "v"표)	정비 및 조치사항	
작동거리	120mm	125~130mm	□ 양 호 ☑ 불 량	**브레이크 페달 작동거리 및 페달유격 불량으로 마스터실린더 푸시로드 길이 조정 후 재점검**	
페달유격	5mm	8~13mm			

⑥ 작동거리가 규정값 범위 미만(125mm 미만)이고, 페달유격이 규정값 범위 초과(13mm 초과)인 경우

측정 항목	① 측정(또는 점검)		② 판정 및 정비(또는 조치)사항		득 점
	측정값	규정(정비한계)값	판 정 (□에 "v"표)	정비 및 조치사항	
작동거리	122mm	125~130mm	□ 양 호 ☑ 불 량	**브레이크 페달 작동거리 및 페달유격 불량으로 마스터실린더 푸시로드 길이 조정 후 재점검**	
페달유격	20mm	8~13mm			

⑦ 작동거리가 규정값 범위 초과(130mm 초과)이고, 페달유격이 규정값 범위 미만(8mm 미만)인 경우

측정 항목	① 측정(또는 점검)		② 판정 및 정비(또는 조치)사항		득 점
	측정값	규정(정비한계)값	판 정 (□에 "v"표)	정비 및 조치사항	
작동거리	133mm	125~130mm	□ 양 호 ☑ 불 량	**브레이크 페달 작동거리 및 페달유격 불량으로 마스터실린더 푸시로드 길이 조정 후 재점검**	
페달유격	7mm	8~13mm			

⑧ 작동거리가 규정값 범위 초과(130mm 초과)이고, 페달유격도 규정값 범위 초과(13mm 초과)인 경우

측정 항목	① 측정(또는 점검)		② 판정 및 정비(또는 조치)사항		득 점
	측정값	규정(정비한계)값	판 정 (□에 "v"표)	정비 및 조치사항	
작동거리	132mm	125~130mm	□ 양 호 ☑ 불 량	**브레이크 페달 작동거리 및 페달유격 불량으로 마스터실린더 푸시로드 길이 조정 후 재점검**	
페달유격	17mm	8~13mm			

TIP

- 브레이크 페달 작동거리는 엔진 시동 상태에서 측정합니다(브레이크 페달유격 측정은 엔진 시동과 관계가 없습니다).
- 작동거리, 페달유격 둘 중 하나라도 불량이면 판정은 불량입니다.

시험안 11

토(Toe) 점검

주어진 자동차에서 시험위원의 지시에 따라 토(Toe)를 점검하여 기록·판정하시오.

답안지작성법

1. 양호

토(Toe)가 규정값 범위 이내인 경우(−1.1~+1.1mm)

측정 항목	① 측정(또는 점검)		② 판정 및 정비(또는 조치)사항		득 점
	측정값	규정(정비한계)값	판 정 (□에 "v"표)	정비 및 조치사항	
토(Toe)	**-0.2mm**	**+0±1.1mm**	☑ 양 호 □ 불 량	**정비 및 조치사항 없음**	

2. 불량

토(Toe)가 규정값 범위(−1.1~+1.1mm)를 벗어난 경우

측정 항목	① 측정(또는 점검)		② 판정 및 정비(또는 조치)사항		득 점
	측정값	규정(정비한계)값	판 정 (□에 "v"표)	정비 및 조치사항	
토(Toe)	**+2.7mm**	**+0±1.1mm**	□ 양 호 ☑ 불 량	**타이로드 길이 조정 후 재점검**	

TIP

- 측정값 작성 시 반드시 규정값에 제시한 부호(+, -)와 단위(mm)로 작성합니다 (예 -0.2mm).

시험안 12

클러치 페달 유격 점검

주어진 자동차에서 시험위원의 지시에 따라 클러치 페달의 유격을 점검하여 기록·판정하시오.

답안지작성법

1. 양호

페달유격이 규정값 범위 이내인 경우

측정 항목	① 측정(또는 점검)		② 판정 및 정비(또는 조치)사항		득 점
	측정값	규정(정비한계)값	판 정 (□에 "v"표)	정비 및 조치사항	
페달유격	7mm	6~13mm	☑ 양 호 □ 불 량	**정비 및 조치사항 없음**	

2. 불량

① 페달유격이 규정값 범위 미만인 경우(6mm 미만)

측정 항목	① 측정(또는 점검)		② 판정 및 정비(또는 조치)사항		득 점
	측정값	규정(정비한계)값	판 정 (□에 "v"표)	정비 및 조치사항	
페달유격	5mm	6~13mm	□ 양 호 ☑ 불 량	**클러치 페달 푸시로드 길이 조정 후 재점검**	

② 페달유격이 규정값 범위 초과인 경우(13mm 초과)

측정 항목	① 측정(또는 점검)		② 판정 및 정비(또는 조치)사항		득 점
	측정값	규정(정비한계)값	판 정 (□에 "v"표)	정비 및 조치사항	
페달유격	15mm	6~13mm	□ 양 호 ☑ 불 량	**클러치 페달 푸시로드 길이 조정 후 재점검**	

TIP

◎ 클러치 페달 유격 측정은 엔진 시동과 관계가 없습니다.

시험안 13

사이드슬립 점검

주어진 자동차에서 시험위원의 지시에 따라 사이드슬립을 측정하여 기록·판정하시오.

답안지작성법

〈부호가 IN, OUT인 경우〉

1. 양호

① 사이드슬립이 규정값 범위(IN 5m/km~0m/km~OUT 5m/km) 이내인 경우

측정 항목	① 측정(또는 점검)		② 판정 및 정비(또는 조치)사항		득 점
	측정값	규정(정비한계)값	판 정 (□에 "V"표)	정비 및 조치사항	
사이드슬립	IN 4.5m/km	IN OUT 5m/km 이내	☑ 양 호 ☐ 불 량	**정비 및 조치사항 없음**	

② 사이드슬립이 규정값 범위(IN 5m/km~0m/km~OUT 5m/km) 이내인 경우

측정 항목	① 측정(또는 점검)		② 판정 및 정비(또는 조치)사항		득 점
	측정값	규정(정비한계)값	판 정 (□에 "V"표)	정비 및 조치사항	
사이드슬립	OUT 0.8m/km	IN OUT 5m/km 이내	☑ 양 호 ☐ 불 량	**정비 및 조치사항 없음**	

2. 불량

① 사이드슬립이 규정값 범위(IN 5m/km~0m/km~OUT 5m/km)를 벗어난 경우

측정 항목	① 측정(또는 점검)		② 판정 및 정비(또는 조치)사항		득 점
	측정값	규정(정비한계)값	판 정 (□에 "V"표)	정비 및 조치사항	
사이드슬립	IN 6.1m/km	IN OUT 5m/km 이내	☐ 양 호 ☑ 불 량	**타이로드 길이 조정 후 재점검**	

② 사이드슬립이 규정값 범위(IN 5m/km~0m/km~OUT 5m/km)를 벗어난 경우

측정 항목	① 측정(또는 점검)		② 판정 및 정비(또는 조치)사항		득 점
	측정값	규정(정비한계)값	판 정 (□에 "v"표)	정비 및 조치사항	
사이드슬립	OUT 7m/km	IN OUT 5m/km 이내	□ 양 호 ☑ 불 량	**타이로드 길이 조정 후 재점검**	

〈부호가 +, −인 경우〉

1. 양호

① 사이드슬립이 규정값 범위(+5mm/m~0mm/m~−5mm/m) 이내인 경우

측정 항목	① 측정(또는 점검)		② 판정 및 정비(또는 조치)사항		득 점
	측정값	규정(정비한계)값	판 정 (□에 "v"표)	정비 및 조치사항	
사이드슬립	+3.2mm/m	±5mm/m 이내	☑ 양 호 □ 불 량	**정비 및 조치사항 없음**	

② 사이드슬립이 규정값 범위(+5mm/m~0mm/m~−5mm/m) 이내인 경우

측정 항목	① 측정(또는 점검)		② 판정 및 정비(또는 조치)사항		득 점
	측정값	규정(정비한계)값	판 정 (□에 "v"표)	정비 및 조치사항	
사이드슬립	−1.4mm/m	±5mm/m 이내	☑ 양 호 □ 불 량	**정비 및 조치사항 없음**	

2. 불량

① 사이드슬립이 규정값 범위(+5mm/m~0mm/m~−5mm/m)를 벗어난 경우

측정 항목	① 측정(또는 점검)		② 판정 및 정비(또는 조치)사항		득 점
	측정값	규정(정비한계)값	판 정 (□에 "v"표)	정비 및 조치사항	
사이드슬립	+6.0mm/m	±5mm/m 이내	□ 양 호 ☑ 불 량	**타이로드 길이 조정 후 재점검**	

② 사이드슬립이 규정값 범위(+5mm/m~0mm/m~−5mm/m)를 벗어난 경우

측정 항목	① 측정(또는 점검)		② 판정 및 정비(또는 조치)사항		득 점
	측정값	규정(정비한계)값	판 정 (□에 "v"표)	정비 및 조치사항	
사이드슬립	−5.1mm/m	±5mm/m 이내	□ 양 호 ☑ 불 량	**타이로드 길이 조정 후 재점검**	

TIP

- 일반적으로 IN이 + 또는 좌측, OUT이 - 또는 우측을 의미합니다.
- 사이드슬립의 단위는 mm/m 또는 m/km로 표기합니다.
- 측정값 작성 시 반드시 규정값에 제시한 부호와 단위로 작성합니다
  (예 +5m/km, +5mm/m, IN 5m/km, IN 5mm/m).

MEMO

시험안 14

ABS 톤 휠 간극 점검

주어진 자동차(ABS 장착 차량)에서 시험위원의 지시에 따라 톤 휠 간극을 점검하여 기록·판정하시오.

답안지작성법

1. 양호

톤 휠 간극이 규정값 범위 이내인 경우

측정 항목	① 측정(또는 점검)		② 판정 및 정비(또는 조치)사항		득 점
	측정값	규정(정비한계)값	판 정 (□에 "v"표)	정비 및 조치사항	
톤 휠 간극	0.37mm	0.3~0.9mm	☑ 양 호 □ 불 량	정비 및 조치사항 없음	

2. 불량

① 톤 휠 간극이 규정값 범위 미만인 경우(0.3mm 미만)

측정 항목	① 측정(또는 점검)		② 판정 및 정비(또는 조치)사항		득 점
	측정값	규정(정비한계)값	판 정 (□에 "v"표)	정비 및 조치사항	
톤 휠 간극	0.16mm	0.3~0.9mm	□ 양 호 ☑ 불 량	톤 휠 간극 사이의 이물질 제거 후 재점검 또는 톤 휠 간극 조정 후 재점검	

② 톤 휠 간극이 규정값 범위 초과인 경우(0.9mm 초과)

측정 항목	① 측정(또는 점검)		② 판정 및 정비(또는 조치)사항		득 점
	측정값	규정(정비한계)값	판 정 (□에 "v"표)	정비 및 조치사항	
톤 휠 간극	1.03mm	0.3~0.9mm	□ 양 호 ☑ 불 량	너클 조립체에서 휠 스피드 센서 조립부위 부식 제거 후 재점검 또는 톤 휠 간극 조정 후 재점검	

TIP

- 톤 휠 간극은 휠 스피드 센서와 톤 휠 이빨 사이의 간극을 말합니다.
- 일반적으로 톤 휠 간극이 작아지는 원인은 간극 사이에 이물질이 유입되는 경우가 많고, 톤 휠 간극이 커지는 원인은 너클 조립체에서 휠 스피드 센서가 조립되는 부위에 부식이 발생하여 휠 스피드 센서 조립 상태가 불량한 경우가 많습니다.

MEMO

시험안 2, 5, 6, 14

자동변속기 점검

주어진 자동차에서 시험위원의 지시에 따라 진단기(스캐너)로 자동변속기를 점검하고, 기록·판정하시오.

답안지작성법

유온센서 불량의 경우

1. 불량

① 자기진단 항목에서 고장코드가 뜨고, 센서 출력(또는 서비스데이터) 항목에서 측정값이 계속 변하지 않고 특정한 값으로 고정되어 나오고, 육안검사 시 센서(액추에이터) 커넥터가 탈거된 경우

측정 항목	① 측정(또는 점검)		② 판정 및 정비(또는 조치)사항		득 점
	이상부위	내용 및 상태	판 정 (□에 "v"표)	정비 및 조치사항	
변속기 자기진단	**유온센서**	**커넥터 탈거**	□ 양 호 ☑ 불 량	**유온센서 커넥터 결합 후 과거기억 소거 후 재점검**	

[점검조건]

- 자기진단 항목에서 뜨는 고장코드 : C0720 자동변속기 오일 온도센서 "A" 이상-신호값 높음
- 시험위원이 제시한 규정값 : 50~60℃/공회전 시
- 센서 출력(또는 서비스데이터) 항목에서 뜨는 측정값(공회전 상태에서 측정) : -25.0℃

② 자기진단 항목에서 고장코드가 뜨고, 센서 출력(또는 서비스데이터) 항목에서 측정값이 계속 변하지 않고 특정한 값으로 고정되어 나오거나 규정값 범위를 벗어났지만 센서(액추에이터) 커넥터가 결합되어 있는 경우

측정 항목	① 측정(또는 점검)		② 판정 및 정비(또는 조치)사항		득 점
	이상부위	내용 및 상태	판 정 (□에 "v"표)	정비 및 조치사항	
변속기 자기진단	**유온센서**	**센서 불량**	□ 양 호 ☑ 불 량	**유온센서 교환 후 과거기억 소거 후 재점검**	

[점검조건]

- 자기진단 항목에서 뜨는 고장코드 : C0720 자동변속기 오일 온도센서 "A" 이상-신호값 높음
- 시험위원이 제시한 규정값 : 50~60℃/공회전 시
- 센서 출력(또는 서비스데이터) 항목에서 뜨는 측정값(공회전 상태에서 측정) : -25.0℃

③ 자기진단 항목에서 고장코드가 떴으나 센서 출력(또는 서비스데이터) 항목에서 측정값이 규정값 범위 이내인 경우

측정 항목	① 측정(또는 점검)		② 판정 및 정비(또는 조치)사항		득 점
	이상부위	내용 및 상태	판 정 (□에 "v"표)	정비 및 조치사항	
변속기 자기진단	**유온센서**	**과거기억 미소거**	□ 양 호 ☑ 불 량	**유온센서 고장코드 과거기억 소거 후 재점검**	

[점검조건]

- 자기진단 항목에서 뜨는 고장코드 : C0720 자동변속기 오일 온도센서 "A" 이상-신호값 높음
- 시험위원이 제시한 규정값 : 50~60℃/공회전 시
- 센서 출력(또는 서비스데이터) 항목에서 뜨는 측정값(공회전 상태에서 측정) : 52.0℃

TIP

- 고장코드에 '유온센서 단선/단락'이 떴을 경우 '내용 및 상태'에 '단선/단락'을 그대로 쓰면 안 됩니다. 왜 단선 또는 단락이 됐는지 확인하여 근본적인 원인을 작성합니다.
- 유온센서 등 다른 센서(액추에이터)도 커넥터가 탈거되면 단선된 것과 같으므로 TTL·CMOS 전원전압이 측정되거나 페일세이프에 의해 특정한 값이 고정되어 측정됩니다
(예 유온센서 : -40.0℃, 펄스제네레이터 A, B : 0rpm 등)

참 고

- 일반적으로 본 과제는 고장코드만 확인하여 육안검사로 해결할 수 있도록 출제하므로 시험위원이 규정값을 제시하지 않는 경우가 많습니다.
- 만약, 시험위원이 규정값을 제시하지 않는 경우에는 자기진단기에서 고장코드를 확인한 다음 바로 해당 센서(액추에이터)를 육안검사하여 커넥터 빠짐 여부를 확인 후 답안지를 작성합니다.

시험안 3, 10, 15

전자제어 현가장치(ECS) 점검

주어진 자동차에서 시험위원의 지시에 따라 진단기(스캐너)로 전자제어 현가장치(ECS)를 점검하고, 기록·판정하시오.

답안지작성법

G-센서 불량의 경우

1. 불량

① 자기진단 항목에서 고장코드가 뜨고, 센서 출력(또는 서비스데이터) 항목에서 측정값이 계속 변하지 않고 특정한 값으로 고정되어 나오고, 육안검사 시 센서(액추에이터) 커넥터가 탈거된 경우

측정 항목	① 측정(또는 점검)		② 판정 및 정비(또는 조치)사항		득 점
	이상부위	내용 및 상태	판 정 (□에 "v"표)	정비 및 조치사항	
ECS 자기진단	**G-센서**	**커넥터 탈거**	□ 양 호 ☑ 불 량	**G-센서 커넥터 결합 후 과거기억 소거 후 재점검**	

[점검조건]

- 자기진단 항목에서 뜨는 고장코드 : C0704 G-센서 신호 이상
- 시험위원이 제시한 규정값 : 0.01~0.05G/Auto 모드
- 센서 출력(또는 서비스데이터) 항목에서 뜨는 측정값(Auto 모드에서 측정) : -2.00G

② 자기진단 항목에서 고장코드가 뜨고, 센서 출력(또는 서비스데이터) 항목에서 측정값이 계속 변하지 않고 특정한 값으로 고정되어 나오거나 규정값 범위를 벗어났지만 센서(액추에이터) 커넥터가 결합되어 있는 경우

측정 항목	① 측정(또는 점검)		② 판정 및 정비(또는 조치)사항		득 점
	이상부위	내용 및 상태	판 정 (□에 "v"표)	정비 및 조치사항	
ECS 자기진단	**G-센서**	**센서 불량**	□ 양 호 ☑ 불 량	**G-센서 교환 후 과거기억 소거 후 재점검**	

[점검조건]

- 자기진단 항목에서 뜨는 고장코드 : C0704 G-센서 신호 이상
- 시험위원이 제시한 규정값 : 0.01~0.05G/AUTO 모드
- 센서 출력(또는 서비스데이터) 항목에서 뜨는 측정값(AUTO 모드에서 측정) : -2.00G

③ 자기진단 항목에서 고장코드가 떴으나 센서 출력(또는 서비스데이터) 항목에서 측정값이 규정값 범위 이내인 경우

측정 항목	① 측정(또는 점검)		② 판정 및 정비(또는 조치)사항		득 점
	이상부위	내용 및 상태	판 정 (□에 "v"표)	정비 및 조치사항	
ECS 자기진단	**G-센서**	**과거기억 미소거**	□ 양 호 ☑ 불 량	**G-센서 고장코드 과거기억 소거 후 재점검**	

[점검조건]

- 자기진단 항목에서 뜨는 고장코드 : C0704 G-센서 신호 이상
- 시험위원이 제시한 규정값 : 0.01~0.05G/AUTO 모드
- 센서 출력(또는 서비스데이터) 항목에서 뜨는 측정값(AUTO 모드에서 측정) : 0.03G

TIP

- 고장코드에 'G-센서 신호 이상'이 떴을 경우 '내용 및 상태'에 '신호 이상'을 그대로 쓰면 안 됩니다. 왜 신호 이상이 됐는지 확인하여 근본적인 원인을 작성합니다.
- G-센서 등 다른 센서(액추에이터)도 커넥터가 탈거되면 단선된 것과 같으므로 TTL·CMOS 전원전압이 측정되거나 페일세이프에 의해 특정한 값이 고정되어 측정됩니다.

참 고

- 일반적으로 본 과제는 고장코드만 확인하여 육안검사로 해결할 수 있도록 출제하므로 시험위원이 규정값을 제시하지 않는 경우가 많습니다.
- 만약, 시험위원이 규정값을 제시하지 않는 경우에는 자기진단기에서 고장코드를 확인한 다음 바로 해당 센서(액추에이터)를 육안검사하여 커넥터 빠짐 여부를 확인 후 답안지를 작성합니다.

시험안 4, 9, 11, 12

전자제어 제동장치(ABS) 점검

주어진 자동차에서 시험위원의 지시에 따라 진단기(스캐너)로 전자제어 제동장치(ABS)를 점검하고, 기록·판정하시오.

답안지작성법

앞 우측 휠 센서 불량의 경우

1. 불량

① 자기진단기에서 고장코드가 뜨고, 육안검사 시 센서(액추에이터) 커넥터가 탈거된 경우

측정 항목	① 측정(또는 점검)		② 판정 및 정비(또는 조치)사항		득 점
	이상부위	내용 및 상태	판 정 (□에 "v"표)	정비 및 조치사항	
ABS 자기진단	**앞 우측 휠 센서**	**커넥터 탈거**	□ 양 호 ☑ 불 량	**앞 우측 휠 센서 커넥터 결합 후 과거기억 소거 후 재점검**	

[점검조건]

- 자기진단 항목에서 뜨는 고장코드 : C0630 앞 우측 휠 센서 단선/단락
- 시험위원이 제시한 규정값 : 0.9~1.3kΩ/20℃

② 자기진단기에서 고장코드가 뜨고, 멀티미터로 센서 단품 점검 시 측정값이 'OL.'로 뜨거나 규정값 범위를 벗어났지만 센서(액추에이터) 커넥터가 결합되어 있는 경우

측정 항목	① 측정(또는 점검)		② 판정 및 정비(또는 조치)사항		득 점
	이상부위	내용 및 상태	판 정 (□에 "v"표)	정비 및 조치사항	
ABS 자기진단	**앞 우측 휠 센서**	**센서 불량**	□ 양 호 ☑ 불 량	**앞 우측 휠 센서 교환 후 과거기억 소거 후 재점검**	

[점검조건]

- 자기진단 항목에서 뜨는 고장코드 : C0630 앞 우측 휠 센서 단선/단락
- 시험위원이 제시한 규정값 : 0.9~1.3kΩ/20℃
- 멀티미터 측정값(현재온도를 20℃로 가정한 상태에서 측정) : OL.

③ 자기진단기에서 고장코드가 떴으나 멀티미터로 센서 단품 점검 시 측정값이 규정값 범위 이내인 경우

측정 항목	① 측정(또는 점검)		② 판정 및 정비(또는 조치)사항		득 점
	이상부위	내용 및 상태	판 정 (□에 "v"표)	정비 및 조치사항	
ABS 자기진단	**앞 우측 휠 센서**	**과거기억 미소거**	□ 양 호 ☑ 불 량	**앞 우측 휠 센서 고장코드 과거기억 소거 후 재점검**	

[점검조건]

- 자기진단 항목에서 뜨는 고장코드 : C0630 앞 우측 휠 센서 단선/단락
- 시험위원이 제시한 규정값 : 0.9~1.3kΩ/20℃
- 멀티미터 측정값(현재온도를 20℃로 가정한 상태에서 측정) : 1.2kΩ

TIP

- 고장코드에 '앞 우측 휠 센서 단선/단락'이 떴을 경우 '내용 및 상태'에 '단선/단락'을 그대로 쓰면 안 됩니다. 왜 단선 또는 단락됐는지 확인하여 근본적인 원인을 작성합니다.
- 앞 우측 휠 센서(휠 스피드 센서) 등 다른 센서(액추에이터)도 커넥터가 탈거되면 단선된 것과 같으므로 TTL·CMOS 전원전압이 측정되거나 페일세이프에 의해 특정한 값이 고정되어 측정됩니다.

참 고

- 일반적으로 본 과제는 고장코드만 확인하여 육안검사로 해결할 수 있도록 출제하므로 시험위원이 규정값을 제시하지 않는 경우가 많습니다.
- 만약, 시험위원이 규정값을 제시하지 않는 경우에는 자기진단기에서 고장코드를 확인한 다음 바로 해당 센서(액추에이터)를 육안검사하여 커넥터 빠짐 여부를 확인 후 답안지를 작성합니다.

시험안 1, 3, 5, 7, 9, 11, 13, 15

제동력 측정

※ 본 문제는 검사항목으로서 시험위원이 기준값을 제시하지 않습니다.

| 주어진 자동차에서 시험위원의 지시에 따라 제동력을 측정하여 기록·판정하시오. |

답안지작성법

소수점 첫째자리 이하 버림을 제시한 경우

1. 양호

① 앞 제동력 편차가 기준값 범위 이내이고, 앞 제동력 합도 기준값 범위 이상인 경우

① 측정(또는 점검)					② 산출근거 및 판정			득 점
측정 항목	구분	측정값	기준값 (□에 "V"표)		산출근거		판정 (□에 "V"표)	
제동력위치 (□에 "V"표) ☑ 앞 □ 뒤	좌	200kgf	☑ 앞 축중의 □ 뒤		편차	$\frac{\|200kgf - 180kgf\|}{400kgf} \times 100 = 5\%$	☑ 양 호 □ 불 량	
	우	180kgf	제동력 편차	8% 이하	합	$\frac{200kgf + 180kgf}{400kgf} \times 100 = 95\%$		
			제동력 합	50% 이상				

※ 앞 축중 : 400kgf, 뒤 축중 : 300kgf

② 뒤 제동력 편차가 기준값 범위 이내이고, 뒤 제동력 합도 기준값 범위 이상인 경우

① 측정(또는 점검)					② 산출근거 및 판정			득 점
측정 항목	구분	측정값	기준값 (□에 "V"표)		산출근거		판정 (□에 "V"표)	
제동력위치 (□에 "V"표) □ 앞 ☑ 뒤	좌	100kgf	□ 앞 축중의 ☑ 뒤		편차	$\frac{\|100kgf - 120kgf\|}{450kgf} \times 100 \approx 4\%$	☑ 양 호 □ 불 량	
	우	120kgf	제동력 편차	8% 이하	합	$\frac{100kgf + 120kgf}{450kgf} \times 100 \approx 48\%$		
			제동력 합	20% 이상				

※ 앞 축중 : 550kgf, 뒤 축중 : 450kgf

2. 불량

① 앞 제동력 편차가 기준값 범위 이내이고, 앞 제동력 합이 기준값 범위 미만(50% 미만)인 경우

① 측정(또는 점검)					② 산출근거 및 판정			득 점
측정 항목	구분	측정값	기준값 (□에 "v"표)		산출근거		판정 (□에 "v"표)	
제동력위치 (□에 "v"표) ☑ 앞 □ 뒤	좌	60kgf	☑ 앞 축중의 □ 뒤		편차	$\frac{\|60kgf-80kgf\|}{300kgf}\times 100 \approx 6\%$	□ 양 호 ☑ 불 량	
	우	80kgf	제동력 편차	8% 이하	합	$\frac{60kgf+80kgf}{300kgf}\times 100 \approx 46\%$		
			제동력 합	50% 이상				

※ 앞 축중 : 300kgf, 뒤 축중 : 200kgf

② 앞 제동력 편차가 기준값 범위 초과(8% 초과)이고, 앞 제동력 합이 기준값 범위 이상인 경우

① 측정(또는 점검)					② 산출근거 및 판정			득 점
측정 항목	구분	측정값	기준값 (□에 "v"표)		산출근거		판정 (□에 "v"표)	
제동력위치 (□에 "v"표) ☑ 앞 □ 뒤	좌	60kgf	☑ 앞 축중의 □ 뒤		편차	$\frac{\|60kgf-140kgf\|}{400kgf}\times 100 = 20\%$	□ 양 호 ☑ 불 량	
	우	140kgf	제동력 편차	8% 이하	합	$\frac{60kgf+140kgf}{400kgf}\times 100 = 50\%$		
			제동력 합	50% 이상				

※ 앞 축중 : 400kgf, 뒤 축중 : 300kgf

③ 앞 제동력 편차가 기준값 범위 초과(8% 초과)이고, 앞 제동력 합이 기준값 범위 미만(50% 미만)인 경우

① 측정(또는 점검)					② 산출근거 및 판정			득 점
측정 항목	구분	측정값	기준값 (□에 "v"표)		산출근거		판정 (□에 "v"표)	
제동력위치 (□에 "v"표) ☑ 앞 □ 뒤	좌	50kgf	☑ 앞 축중의 □ 뒤		편차	$\frac{\|50kgf-80kgf\|}{300kgf}\times 100 = 10\%$	□ 양 호 ☑ 불 량	
	우	80kgf	제동력 편차	8% 이하	합	$\frac{50kgf+80kgf}{300kgf}\times 100 \approx 43\%$		
			제동력 합	50% 이상				

※ 앞 축중 : 300kgf, 뒤 축중 : 200kgf

④ 뒤 제동력 편차가 기준값 범위 이내이고, 뒤 제동력 합이 기준값 범위 미만(20% 미만)인 경우

① 측정(또는 점검)					② 산출근거 및 판정			득 점
측정 항목	구분	측정값	기준값 (□에 "v"표)		산출근거		판정 (□에 "v"표)	
제동력위치 (□에 "v"표) □ 앞 ☑ 뒤	좌	30kgf	□ 앞 축중의 ☑ 뒤		편차	$\frac{\lvert 30\text{kgf}-40\text{kgf}\rvert}{400\text{kgf}}\times 100 \approx 2\%$	□ 양 호 ☑ 불 량	
	우	40kgf	제동력 편차	8% 이하	합	$\frac{30\text{kgf}+40\text{kgf}}{400\text{kgf}}\times 100 \approx 17\%$		
			제동력 합	20% 이상				

※ 앞 축중 : 500kgf, 뒤 축중 : 400kgf

⑤ 뒤 제동력 편차가 기준값 범위 초과(8% 초과)이고, 뒤 제동력 합이 기준값 범위 이상인 경우

① 측정(또는 점검)					② 산출근거 및 판정			득 점
측정 항목	구분	측정값	기준값 (□에 "v"표)		산출근거		판정 (□에 "v"표)	
제동력위치 (□에 "v"표) □ 앞 ☑ 뒤	좌	80kgf	□ 앞 축중의 ☑ 뒤		편차	$\frac{\lvert 80\text{kgf}-50\text{kgf}\rvert}{300\text{kgf}}\times 100 = 10\%$	□ 양 호 ☑ 불 량	
	우	50kgf	제동력 편차	8% 이하	합	$\frac{80\text{kgf}+50\text{kgf}}{300\text{kgf}}\times 100 \approx 43\%$		
			제동력 합	20% 이상				

※ 앞 축중 : 400kgf, 뒤 축중 : 300kgf

⑥ 뒤 제동력 편차가 기준값 범위 초과(8% 초과)이고, 뒤 제동력 합이 기준값 범위 미만(20% 미만)인 경우

① 측정(또는 점검)					② 산출근거 및 판정			득 점
측정 항목	구분	측정값	기준값 (□에 "v"표)		산출근거		판정 (□에 "v"표)	
제동력위치 (□에 "v"표) □ 앞 ☑ 뒤	좌	10kgf	□ 앞 축중의 ☑ 뒤		편차	$\frac{\lvert 10\text{kgf}-50\text{kgf}\rvert}{400\text{kgf}}\times 100 = 10\%$	□ 양 호 ☑ 불 량	
	우	50kgf	제동력 편차	8% 이하	합	$\frac{10\text{kgf}+50\text{kgf}}{400\text{kgf}}\times 100 = 15\%$		
			제동력 합	20% 이상				

※ 앞 축중 : 500kgf, 뒤 축중 : 400kgf

TIP

- 측정값 계산 시 소수점 처리는 시험위원이 제시한 조건을 따릅니다.
- 기준값 작성 시 '이하 또는 이상'을 빠뜨리지 않고 작성합니다.
- 제동력 편차, 합 둘 중 하나라도 불량이면 판정은 불량입니다.

참 고

- '제동력 편차·합 산출근거'는 암기하세요.

[제동력 편차·합 산출근거]

구분	제동력 위치	기준값		공 식
편 차	앞	앞 축중의	8% 이하	$\frac{\lvert\text{좌 제동력} - \text{우 제동력}\rvert}{\text{해당 축중}} \times 100$
	뒤	뒤 축중의		
합	앞	앞 축중의	50% 이상	$\frac{\text{좌 제동력} + \text{우 제동력}}{\text{해당 축중}} \times 100$
	뒤	뒤 축중의	20% 이상	

시험안 2, 4, 6, 8, 10, 12, 14

최소회전반경 측정

※ 본 문제는 검사항목으로서 시험위원이 기준값을 제시하지 않습니다.

주어진 자동차에서 시험위원의 지시에 따라 좌 또는 우회전 시 최소회전반경을 측정하여 기록·판정하시오.

답안지작성법

1. 양호

① 좌회전 시 측정값이 기준값 범위 이내인 경우

측정 항목	① 측정(또는 점검)			② 판정 및 정비(또는 조치)사항		득 점
	최대 조향각 (□에 "v"표)	기준값 (최소회전반경)	측정값 (최소회전반경)	판정 (□에 "v"표)	정비 및 조치사항	
회전방향 (□에 "v"표) ☑좌 □우	□좌측바퀴 ☑우측바퀴 조향각 : 30°	**12m 이내**	**8.05m**	☑ 양 호 □ 불 량	**정비 및 조치사항 없음**	

[측정값 산출근거]

• 최소회전반경 공식

$$R=\frac{L}{\sin\alpha}+r$$

R : 최소회전반경(m) L : 축간거리(m)

α : 바깥쪽 앞바퀴의 조향각(°) r : 바퀴 접지면 중심과 킹핀과의 거리(m)

• 축간거리 : 400cm

• 바깥쪽 앞바퀴의 최대 조향각 : 30°

• 안쪽 앞바퀴의 최대 조향각 : 28°

• 바퀴 접지면 중심과 킹핀과의 거리 : 50mm

• $R=\frac{L}{\sin\alpha}+r=\frac{400\text{cm}}{\sin 30^{\circ}}+50\text{mm}=\frac{4\text{m}}{0.5}+0.05\text{m}=8.05\text{m}$

∴ 측정값 : 8.05m

② 우회전 시 측정값이 기준값 범위 이내인 경우

측정 항목	① 측정(또는 점검)			② 판정 및 정비(또는 조치)사항		득 점
	최대조향각 (□에 "v"표)	기준값 (최소회전반경)	측정값 (최소회전반경)	판정 (□에 "v"표)	정비 및 조치사항	
회전방향 (□에 "v"표) □좌 ☑우	☑좌측바퀴 □우측바퀴 조향각 : 30°	12m 이내	9.06m	☑ 양 호 □ 불 량	정비 및 조치사항 없음	

[측정값 산출근거]

• 최소회전반경 공식

$$R=\frac{L}{\sin\alpha}+r$$

R : 최소회전반경(m)
L : 축간거리(m)
α : 바깥쪽 앞바퀴의 조향각(°)
r : 바퀴 접지면 중심과 킹핀과의 거리(m)

• 축간거리 : 450cm
• 바깥쪽 앞바퀴의 최대 조향각 : 30°
• 안쪽 앞바퀴의 최대 조향각 : 28°
• 바퀴 접지면 중심과 킹핀과의 거리 : 60mm
• $R=\frac{L}{\sin\alpha}+r=\frac{450\text{cm}}{\sin 30^\circ}+60\text{mm}=\frac{4.5\text{m}}{0.5}+0.06\text{m}=9.06\text{m}$

∴ 측정값 : 9.06m

TIP

- 최소회전반경은 좌회전 시 최대 조향각은 우측바퀴이고, 우회전 시 최대 조향각은 좌측바퀴입니다. 즉, 선회 시 바깥쪽 바퀴의 회전반경이 최소회전반경입니다.
- 측정값의 단위는 반드시 'm'으로 작성합니다.
- 측정값 계산 시 소수점 처리는 시험위원이 제시한 조건을 따릅니다. 만약, 소수점 처리에 대한 언급이 없다면 계산한 값을 그대로 작성합니다.
- 기준값(12m 이내), 최소회전반경 공식은 암기하세요.
- 기준값 작성 시 '이내' 또는 '이하'를 빠뜨리지 않고 작성합니다.

참 고

• 일반적으로 자동차의 최소회전반경은 사고 차량을 제외하고 12m 이내로 측정됩니다.
• 만약, 최소회전반경이 12m 초과인 경우 랙 피니언 타입은 타이로드 길이 조정 후 재점검, 볼 너트 타입은 너클 스토퍼 길이 조정 후 재점검으로 작성합니다.

시험안 1

크랭킹 시 전류 소모 점검

주어진 자동차에서 시동 모터의 크랭킹 부하시험을 하여 고장부분을 점검한 후 기록·판정 하시오.

답안지작성법

후크미터로 점검하는 경우

1. 양호

크랭킹 소모전류가 규정값 범위 이내인 경우

측정 항목	① 측정(또는 점검)		② 판정 및 정비(또는 조치)사항		득 점
	측정값	규정(정비한계)값	판 정 (□에 "v"표)	정비 및 조치사항	
크랭킹 소모전류	170A	150~180A	☑ 양 호 □ 불 량	**정비 및 조치사항 없음**	

2. 불량

① 크랭킹 소모전류가 규정값 범위 미만인 경우(150A 미만)

측정 항목	① 측정(또는 점검)		② 판정 및 정비(또는 조치)사항		득 점
	측정값	규정(정비한계)값	판 정 (□에 "v"표)	정비 및 조치사항	
크랭킹 소모전류	80A	150~180A	□ 양 호 ☑ 불 량	**배터리 교환 후 재점검**	

② 크랭킹 소모전류가 규정값 범위 초과인 경우(180A 초과)

측정 항목	① 측정(또는 점검)		② 판정 및 정비(또는 조치)사항		득 점
	측정값	규정(정비한계)값	판 정 (□에 "v"표)	정비 및 조치사항	
크랭킹 소모전류	220A	150~180A	□ 양 호 ☑ 불 량	**시동모터 교환 후 재점검**	

TIP

- 전류 점검 전, 테스터기의 영점을 조정합니다.
- 일반적으로 크랭킹 후 약 2~3초 뒤에 나오는 안정된 전류값을 측정합니다.
- 일반적으로 크랭킹 소모전류가 규정값 범위보다 낮으면 배터리 교환 후 재점검, 크랭킹 소모전류가 규정값 범위보다 높으면 시동모터 교환 후 재점검으로 작성합니다.

참 고

시험 시 주어진 자동차의 고장 상태를 확인 후 정비 및 조치사항을 작성하는 것이 가장 정확합니다.

시험안 2, 15

점화코일 1, 2차 저항 점검

주어진 자동차에서 점화코일 1, 2차 저항을 측정하고 코일의 고장 유무를 확인하여 기록·판정하시오.

답안지작성법

1. 양호

1차 저항이 규정값 범위 이내이고, 2차 저항도 규정값 범위 이내인 경우

측정 항목	① 측정(또는 점검)		② 판정 및 정비(또는 조치)사항		득 점
	측정값	규정(정비한계)값	판 정 (□에 "v"표)	정비 및 조치사항	
1차 저항	0.8Ω/20℃	0.72~0.88Ω/20℃	☑ 양 호 □ 불 량	정비 및 조치사항 없음	
2차 저항	12.4kΩ/20℃	10.3~13.9kΩ/20℃			

2. 불량

① 1차 저항이 규정값 범위 이내이고, 2차 저항이 규정값 범위 미만(10.3kΩ 미만/20℃)인 경우

측정 항목	① 측정(또는 점검)		② 판정 및 정비(또는 조치)사항		득 점
	측정값	규정(정비한계)값	판 정 (□에 "v"표)	정비 및 조치사항	
1차 저항	0.87Ω/20℃	0.72~0.88Ω/20℃	□ 양 호 ☑ 불 량	점화 2차 코일 저항 불량으로 점화코일 교환 후 재점검	
2차 저항	8.9kΩ/20℃	10.3~13.9kΩ/20℃			

② 1차 저항은 규정값 범위 이내이고, 2차 저항이 규정값 범위 초과(13.9kΩ 초과/20℃)인 경우

측정 항목	① 측정(또는 점검)		② 판정 및 정비(또는 조치)사항		득 점
	측정값	규정(정비한계)값	판 정 (□에 "v"표)	정비 및 조치사항	
1차 저항	0.76Ω/20℃	0.72~0.88Ω/20℃	□ 양 호 ☑ 불 량	점화 2차 코일 저항 불량으로 점화코일 교환 후 재점검	
2차 저항	15.1kΩ/20℃	10.3~13.9kΩ/20℃			

③ 1차 저항이 규정값 범위 미만(0.72Ω 미만/20℃)이고, 2차 저항이 규정값 범위 이내인 경우

측정 항목	① 측정(또는 점검)		② 판정 및 정비(또는 조치)사항		득 점
	측정값	규정(정비한계)값	판 정 (□에 "v"표)	정비 및 조치사항	
1차 저항	**0.55Ω/20℃**	**0.72~0.88Ω/20℃**	□ 양 호 ☑ 불 량	**점화 1차 코일 저항 불량으로 점화코일 교환 후 재점검**	
2차 저항	**11.4kΩ/20℃**	**10.3~13.9kΩ/20℃**			

④ 1차 저항이 규정값 범위 초과(0.88Ω 초과/20℃)이고, 2차 저항이 규정값 범위 이내인 경우

측정 항목	① 측정(또는 점검)		② 판정 및 정비(또는 조치)사항		득 점
	측정값	규정(정비한계)값	판 정 (□에 "v"표)	정비 및 조치사항	
1차 저항	**∞Ω/20℃**	**0.72~0.88Ω/20℃**	□ 양 호 ☑ 불 량	**점화 1차 코일 저항 불량으로 점화코일 교환 후 재점검**	
2차 저항	**12.8kΩ/20℃**	**10.3~13.9kΩ/20℃**			

⑤ 1차 저항이 규정값 범위 미만(0.72Ω 미만/20℃)이고 2차 저항도 규정값 범위 미만(10.3kΩ 미만/20℃)인 경우

측정 항목	① 측정(또는 점검)		② 판정 및 정비(또는 조치)사항		득 점
	측정값	규정(정비한계)값	판 정 (□에 "v"표)	정비 및 조치사항	
1차 저항	**0.1Ω/20℃**	**0.72~0.88Ω/20℃**	□ 양 호 ☑ 불 량	**점화 1, 2차 코일 저항 불량으로 점화코일 교환 후 재점검**	
2차 저항	**9.9kΩ/20℃**	**10.3~13.9kΩ/20℃**			

⑥ 1차 저항이 규정값 범위 미만(0.72Ω 미만/20℃)이고, 2차 저항이 규정값 범위 초과(13.9kΩ 초과/20℃)인 경우

측정 항목	① 측정(또는 점검)		② 판정 및 정비(또는 조치)사항		득 점
	측정값	규정(정비한계)값	판 정 (□에 "v"표)	정비 및 조치사항	
1차 저항	**0.7Ω/20℃**	**0.72~0.88Ω/20℃**	□ 양 호 ☑ 불 량	**점화 1, 2차 코일 저항 불량으로 점화코일 교환 후 재점검**	
2차 저항	**∞Ω/20℃**	**10.3~13.9kΩ/20℃**			

⑦ 1차 저항이 규정값 범위 초과(0.88Ω 초과/20℃)이고, 2차 저항이 규정값 범위 미만(10.3kΩ 미만/20℃)인 경우

측정 항목	① 측정(또는 점검)		② 판정 및 정비(또는 조치)사항		득 점
	측정값	규정(정비한계)값	판 정 (□에 "v"표)	정비 및 조치사항	
1차 저항	**0.9Ω/20℃**	**0.72~0.88Ω/20℃**	□ 양 호 ☑ 불 량	**점화 1, 2차 코일 저항 불량으로 점화코일 교환 후 재점검**	
2차 저항	**7.3kΩ/20℃**	**10.3~13.9kΩ/20℃**			

⑧ 1차 저항이 규정값 범위 초과(0.88Ω 초과)이고, 2차 저항도 규정값 범위 초과(13.9kΩ 초과)인 경우

측정 항목	① 측정(또는 점검)		② 판정 및 정비(또는 조치)사항		득 점
	측정값	규정(정비한계)값	판 정 (□에 "v"표)	정비 및 조치사항	
1차 저항	**1.11Ω/20℃**	**0.72~0.88Ω/20℃**	□ 양 호 ☑ 불 량	**점화 1, 2차 코일 저항 불량으로 점화코일 교환 후 재점검**	
2차 저항	**15.5kΩ/20℃**	**10.3~13.9kΩ/20℃**			

TIP

- 측정값 작성 시 반드시 규정값에 제시한 단위와 측정조건을 빠뜨리지 않고 작성합니다 (예 1.11Ω/20℃).
- 점화코일 1, 2차 저항을 점검하기 전에 테스터기의 빨간색 프로브와 검정색 프로브를 단락시킨 후 테스터기에 뜨는 저항을 측정합니다. 이때 측정한 저항이 기준점입니다. 그런 다음 점화코일 1차 저항과 2차 저항을 각각 측정한 후 기준점이 되는 저항만큼을 각각 빼주면 순수한 점화코일 1차 저항값, 2차 저항값 입니다.
- 1차 저항, 2차 저항 둘 중 하나라도 불량이면 판정은 불량입니다.

시험안 3, 9

발전기 충전 전류 및 전압 점검

※ 본 문제는 시험위원이 충전 전류 규정(정비한계)값을 제시하지 않습니다.

주어진 자동차의 발전기에서 시험위원의 지시에 따라 충전되는 전류와 전압을 점검하여 확인사항을 기록·판정하시오.

답안지작성법

후크미터 및 멀티미터로 엔진 회전수 2,000rpm에서 비발전제어 타입 발전기(12V 80A)를 점검하는 경우

1. 불량

① 충전 전류가 규정값 범위 미만(56A 미만/2,000rpm)이고, 충전 전압이 규정값 범위 이내인 경우

측정 항목	① 측정(또는 점검)		② 판정 및 정비(또는 조치)사항		득 점
	측정값	규정(정비한계)값	판 정 (□에 "v"표)	정비 및 조치사항	
충전 전류	**4.7A/2,000rpm**		□ 양 호 ☑ 불 량	**발전기 교환 후 재점검**	
충전 전압	**14.1V/2,000rpm**	**13.5~14.7V/2,000rpm**			

[충전 전류 규정값 범위 산출근거]

- 발전기 케이스에 표기된 발전기 출력 : 12V 80A
- 충전 전류 규정값 범위 : 규정 전류의 70% 이상/2,000rpm
- 80A×0.7=56A

∴ <u>충전 전류 규정값 범위 : 56A 이상/2,000rpm</u>

② 충전 전류가 규정값 범위 미만(56A 미만/2,000rpm)이고, 충전 전압도 규정값 범위 미만(13.5V 미만/2,000rpm)인 경우

측정 항목	① 측정(또는 점검)		② 판정 및 정비(또는 조치)사항		득 점
	측정값	규정(정비한계)값	판 정 (□에 "v"표)	정비 및 조치사항	
충전 전류	**1.2A/2,000rpm**		□ 양 호 ☑ 불 량	**발전기 교환 후 재점검**	
충전 전압	**12.8V/2,000rpm**	**13.5~14.7V/2,000rpm**			

[충전 전류 규정값 범위 산출근거]

- 발전기 케이스에 표기된 발전기 출력 : 12V 80A
- 충전 전류 규정값 범위 : 규정 전류의 70% 이상/2,000rpm
- 80A×0.7=56A

∴ 충전 전류 규정값 범위 : 56A 이상/2,000rpm

③ 충전 전류가 규정값 범위 미만(56A 미만/2,000rpm)이고, 충전 전압이 규정값 범위 초과(14.7V 초과/2,000rpm)인 경우

측정 항목	① 측정(또는 점검)		② 판정 및 정비(또는 조치)사항		득 점
	측정값	규정(정비한계)값	판 정 (□에 "v"표)	정비 및 조치사항	
충전 전류	**7.8A/2,000rpm**		□ 양 호 ☑ 불 량	**발전기 교환 후 재점검 또는 발전기 레귤레이터 교환 후 재점검**	
충전 전압	**15.6V/2,000rpm**	**13.5~14.7V/2,000rpm**			

[충전 전류 규정값 범위 산출근거]

- 발전기 케이스에 표기된 발전기 출력 : 12V 80A
- 충전 전류 규정값 범위 : 규정 전류의 70% 이상/2,000rpm
- 80A×0.7=56A

∴ 충전 전류 규정값 범위 : 56A 이상/2,000rpm

TIP

- 충전 전압은 발전기 L단자에서 측정하는 것이 가장 정확합니다.
- 충전 전류 점검 전 테스터기의 영점을 조정합니다.
- 측정값 작성 시 반드시 규정값에 제시한 단위와 측정조건을 빠뜨리지 않고 작성합니다 (예 7.8A/2,000rpm).
- 충전 전류, 충전 전압 둘 중 하나라도 불량이면 판정은 불량입니다.
- 충전 전류 규정값 범위 산출근거(발전기 케이스에 표기된 규정 전류의 70% 이상/2,000rpm)는 암기하세요.
- 일반적으로 시험 시 배터리를 완전 방전시키지 않고 출제하므로 충전 전류가 규정값 범위 미만으로 측정됩니다.

참 고

- 일반적으로 시험위원은 측정조건에 대해 엔진 회전수 영역만 제시합니다. 전기부하에 대해 별도로 언급하지 않더라도 시험위원이 제시하는 엔진 회전수 영역에서 모든 전기부하를 작동한 상태로 측정합니다.
- 만약, 비발전제어 타입 발전기의 경우 별도로 측정조건에 대해 언급이 없다면 엔진 회전수 약 2,000rpm에서 모든 전기부하를 작동한 상태에서 측정합니다.

시험안 4, 14

메인 컨트롤 릴레이 점검

주어진 자동차에서 시험위원의 지시에 따라 메인 컨트롤 릴레이의 고장부분을 점검한 후 기록표에 기록·판정하시오.

답안지작성법

메인컨트롤 릴레이 단품 및 회로도	항 목	점검단자	통전 여부	판 정
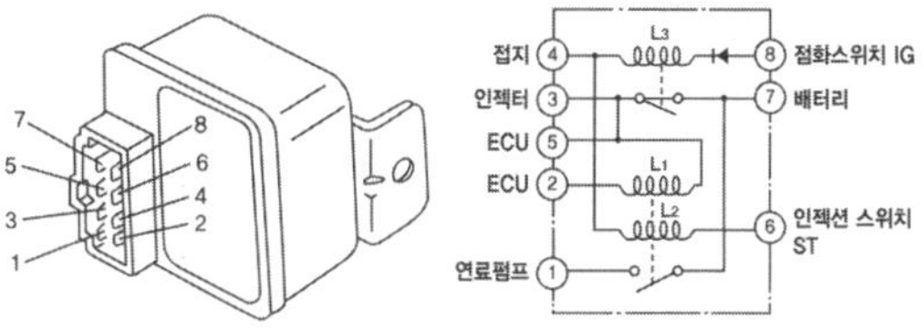	코일이 여자되었을 때	①-⑦	통전됨	정 상
		③-⑦	통전됨	정 상
	코일이 여자되지 않았을 때	①-⑦	통전 안 됨	정 상
		③-⑦	통전 안 됨	정 상
		②-③	통전됨	정 상
		③-⑤	통전됨	정 상
		②-⑤	통전됨	정 상
		④-⑥	통전됨	정 상
		④ → ⑧	통전 안 됨	정 상
		④ ← ⑧	통전됨	정 상

1. 양호

코일이 여자되었을 때 양호하고, 코일이 여자되지 않았을 때도 양호인 경우

항 목	① 측정(또는 점검)	② 판정 및 정비(또는 조치)사항		득 점
	측정(또는 점검)	판 정 (□에 "∨"표)	정비 및 조치사항	
코일이 여자되었을 때	☑ 양 호 □ 불 량	☑ 양 호 □ 불 량	**정비 및 조치사항 없음**	
코일이 여자되지 않았을 때	☑ 양 호 □ 불 량			

[릴레이 점검결과]

항 목	점검단자	통전 여부	판 정
코일이 여자되었을 때	①-⑦	통전됨	정 상
	③-⑦	통전됨	정 상
코일이 여자되지 않았을 때	①-⑦	통전 안 됨	정 상
	③-⑦	통전 안 됨	정 상
	②-③	통전됨	정 상
	③-⑤	통전됨	정 상
	②-⑤	통전됨	정 상
	④-⑥	통전됨	정 상
	④ → ⑧	통전 안 됨	정 상
	④ ← ⑧	통전됨	정 상

2. 불량

① 코일이 여자 되었을 때 양호하고, 코일이 여자되지 않았을 때 불량인 경우

항 목	① 측정(또는 점검)	② 판정 및 정비(또는 조치)사항		득 점
	측정(또는 점검)	판 정 (□에 "v"표)	정비 및 조치사항	
코일이 여자되었을 때	☑ 양 호 □ 불 량	□ 양 호 ☑ 불 량	**메인 컨트롤 릴레이 교환 후 재점검**	
코일이 여자되지 않았을 때	□ 양 호 ☑ 불 량			

[릴레이 점검결과]

항 목	점검단자	통전 여부	판 정
코일이 여자되었을 때	①-⑦	통전됨	정 상
	③-⑦	통전됨	정 상
코일이 여자되지 않았을 때	**①-⑦**	**통전됨**	**비정상**
	③-⑦	통전 안 됨	정 상
	②-③	통전됨	정 상
	③-⑤	통전됨	정 상
	②-⑤	통전됨	정 상
	④-⑥	**통전 안 됨**	**비정상**
	④ → ⑧	통전 안 됨	정 상
	④ ← ⑧	통전됨	정 상

② 코일이 여자되었을 때 불량하고, 코일이 여자되지 않았을 때 양호인 경우

항 목	① 측정(또는 점검)	② 판정 및 정비(또는 조치)사항		득 점
	측정(또는 점검)	판 정 (□에 "v"표)	정비 및 조치사항	
코일이 여자되었을 때	□ 양 호 ☑ 불 량	□ 양 호 ☑ 불 량	**메인 컨트롤 릴레이 교환 후 재점검**	
코일이 여자되지 않았을 때	☑ 양 호 □ 불 량			

[릴레이 점검결과]

항 목	점검단자	통전 여부	판 정
코일이 여자되었을 때	**①-⑦**	**통전 안 됨**	**비정상**
	③-⑦	통전됨	정 상
코일이 여자되지 않았을 때	①-⑦	통전 안 됨	정 상
	③-⑦	통전 안 됨	정 상
	②-③	통전됨	정 상
	③-⑤	통전됨	정 상
	②-⑤	통전됨	정 상
	④-⑥	통전됨	정 상
	④ → ⑧	통전 안 됨	정 상
	④ ← ⑧	통전됨	정 상

③ 코일이 여자되었을 때 불량하고, 코일이 여자되지 않았을 때도 불량인 경우

항 목	① 측정(또는 점검)	② 판정 및 정비(또는 조치)사항		득 점
	측정(또는 점검)	판 정 (□에 "v"표)	정비 및 조치사항	
코일이 여자되었을 때	□ 양 호 ☑ 불 량	□ 양 호 ☑ 불 량	**메인 컨트롤 릴레이 교환 후 재점검**	
코일이 여자되지 않았을 때	□ 양 호 ☑ 불 량			

[릴레이 점검결과]

항목	점검단자	통전 여부	판 정
코일이 여자되었을 때	①-⑦	통전됨	정 상
	③-⑦	**통전 안 됨**	**비정상**
코일이 여자되지 않았을 때	①-⑦	통전 안 됨	정 상
	③-⑦	통전 안 됨	정 상
	②-③	통전됨	정 상
	③-⑤	통전됨	정 상
	②-⑤	통전됨	정 상
	④-⑥	통전됨	정 상
	④ → ⑧	**통전됨**	**비정상**
	④ ← ⑧	**통전 안 됨**	**비정상**

TIP

- 점검단자가 1가지만 비정상이어도 판정은 불량입니다.

시험안 5

공회전 속도조절 장치(ISC) 듀티 점검

주어진 자동차에서 ISC 밸브 듀티값을 측정하여 ISC 밸브의 이상 유무를 확인하여 기록표에 기록·판정하시오(측정조건 : 무부하 공회전 시).

답안지작성법

자기진단기로 무부하 공회전 시, 스텝모터 타입의 공회전 속도조절장치 듀티값(열림코일 듀티)을 점검하는 경우

1. 양호

센서 출력(또는 서비스데이터) 항목에서 측정값이 규정값 범위 이내인 경우

측정 항목	① 측정(또는 점검)		② 판정 및 정비(또는 조치)사항		득 점
	측정값	규정(정비한계)값	판 정 (□에 "v"표)	정비 및 조치사항	
밸브 듀티	**33.51%/무부하 공회전 시**	**30~35%/무부하 공회전 시**	☑ 양 호 □ 불 량	**정비 및 조치사항 없음**	

2. 불량

① 센서 출력(또는 서비스데이터) 항목에서 측정값이 규정값 범위 미만인 경우(30% 미만/무부하 공회전 시)

측정 항목	① 측정(또는 점검)		② 판정 및 정비(또는 조치)사항		득 점
	측정값	규정(정비한계)값	판 정 (□에 "v"표)	정비 및 조치사항	
밸브 듀티	**28.32%/무부하 공회전 시**	**30~35%/무부하 공회전 시**	□ 양 호 ☑ 불 량	**스텝모터 교환 후 재점검**	

② 센서 출력(또는 서비스데이터) 항목에서 측정값이 규정값 범위 초과인 경우(35% 초과/무부하 공회전 시)

측정 항목	① 측정(또는 점검)		② 판정 및 정비(또는 조치)사항		득 점
	측정값	규정(정비한계)값	판 정 (□에 "v"표)	정비 및 조치사항	
밸브 듀티	**45.13%/무부하 공회전 시**	**30~35%/무부하 공회전 시**	□ 양 호 ☑ 불 량	**스텝모터 교환 후 재점검**	

TIP

- 공회전속도조절장치의 열림코일 듀티를 측정합니다.
- 측정값 작성 시 반드시 규정값에 제시한 단위와 측정조건을 빠뜨리지 않고 작성합니다 (예 28.32%/무부하 공회전 시).

MEMO

시험안 6, 8

축전지 비중 및 전압 점검

- 6안 : 주어진 자동차에서 시험위원의 지시에 따라 축전지의 비중 및 전압을 축전지 용량 시험기를 작동하면서 측정하고, 기록표에 기록·판정하시오.
- 8안 : 주어진 자동차에서 축전지를 시험위원의 지시에 따라 급속 충전한 후 충전된 축전지의 비중과 전압을 측정하여 기록표에 기록·판정하시오.

답안지작성법

소수점 넷째자리 이하 버림을 제시한 경우

1. 양호

축전지 비중과 축전지 전압 둘 다 규정값 범위 이내인 경우

측정 항목	① 측정(또는 점검)		② 판정 및 정비(또는 조치)사항		득 점
	측정값	규정(정비한계)값	판 정 (□에 "v"표)	정비 및 조치사항	
축전지 비중	**1.219/20℃**	**1.210~1.280/20℃**	☑ 양 호 □ 불 량	**정비 및 조치사항 없음**	
축전지 전압	**12.3V**	**12.0~12.6V**			

[비중 측정값 산출근거]

- 비중 구하는 공식

$$S_{20} = S_t + 0.0007(t - 20)$$

S_{20} : 표준온도 20℃로 환산한 비중 　　S_t : 현재온도(t)에서 측정한 비중

t : 현재온도(℃)

- 현재온도(t)는 25℃로 가정한다.
- 현재온도(t)에서 측정한 비중 : 1.216
- $S_{20} = 1.216 + 0.0007(25 - 20) \approx 1.219$

∴ 측정값 : 1.219/20℃

2. 불량

① 축전지 비중이 1.080/20℃ 초과 1.210/20℃ 미만이고, 축전지 전압이 10.5V 초과 12.0V 미만인 경우

측정 항목	① 측정(또는 점검)		② 판정 및 정비(또는 조치)사항		득 점
	측정값	규정(정비한계)값	판 정 (□에 "v"표)	정비 및 조치사항	
축전지 비중	**1.149/20℃**	**1.210~1.280/20℃**	□ 양 호 ☑ 불 량	**배터리 충전 후 재점검**	
축전지 전압	**11.5V**	**12.0~12.6V**			

[비중 측정값 산출근거]

- 비중 구하는 공식

$$S_{20} = S_t + 0.0007(t-20)$$

S_{20} : 표준온도 20℃로 환산한 비중　　S_t : 현재온도(t)에서 측정한 비중

t : 현재온도(℃)

- 현재온도(t)는 27℃로 가정한다.
- 현재온도(t)에서 측정한 비중 : 1.145
- $S_{20} = 1.145 + 0.0007(27-20) \approx 1.149$

∴ 측정값 : 1.149/20℃

② 축전지 비중이 1.080/20℃ 이하이고, 축전지 전압이 10.5V 이하인 경우

측정 항목	① 측정(또는 점검)		② 판정 및 정비(또는 조치)사항		득 점
	측정값	규정(정비한계)값	판 정 (□에 "v"표)	정비 및 조치사항	
축전지 비중	**1.040/20℃**	**1.210~1.280/20℃**	□ 양 호 ☑ 불 량	**배터리 교환 후 재점검**	
축전지 전압	**10.1V**	**12.0~12.6V**			

[비중 측정값 산출근거]

- 비중 구하는 공식

$$S_{20} = S_t + 0.0007(t-20)$$

S_{20} : 표준온도 20℃로 환산한 비중　　S_t : 현재온도(t)에서 측정한 비중

t : 현재온도(℃)

- 현재온도(t)는 10℃로 가정한다.
- 현재온도(t)에서 측정한 비중 : 1.047
- $S_{20} = 1.047 + 0.0007(10-20) \approx 1.040$

∴ 측정값 : 1.040/20℃

TIP

- 비중 측정값 작성 시 반드시 규정값에 제시한 측정조건을 빠뜨리지 않고 작성합니다 (예 1.260/20℃).
- 축전지 전압은 개회로 상태에서 축전지 단자전압을 측정합니다.

참 고

비중 구하는 공식[$S_{20} = S_t + 0.0007(t - 20)$], '배터리 비중·전압상태에 따른 정비 및 조치사항'은 암기하세요.

[배터리 비중·전압 상태에 따른 정비 및 조치사항(20℃ 기준)]

측정값		판 정	정비 및 조치사항
비중	전압		
1.210 이상 1.280 이하	12.0V 이상 12.6V 이하	양 호	없 음
1.080 초과 1.210 미만	10.5V초과 12.0V 미만	불 량	배터리 충전 후 재점검
1.080 이하	10.5V 이하		배터리 교환 후 재점검

시험안 7

에어컨 라인 압력 점검

주어진 자동차에서 시험위원의 지시에 따라 자동변속기의 오일압력을 점검하고, 기록 · 판정하시오.

답안지작성법

ECU에서 콤프레서를 제어하지 않는 타입의 경우

1. 양호

저압이 규정값 범위 이내이고, 고압도 규정값 범위 이내인 경우

측정 항목	① 측정(또는 점검)		② 판정 및 정비(또는 조치)사항		득 점
	측정값	규정(정비한계)값	판 정 (□에 "V"표)	정비 및 조치사항	
저압	2.0kgf/cm^2	1.8~2.2kgf/cm^2	☑ 양 호 □ 불 량	**정비 및 조치사항 없음**	
고압	23kgf/cm^2	20~24kgf/cm^2			

2. 불량

① 저압이 규정값 범위 이내이고, 고압이 규정값 범위 미만(20kgf/cm^2 미만)인 경우

측정 항목	① 측정(또는 점검)		② 판정 및 정비(또는 조치)사항		득 점
	측정값	규정(정비한계)값	판 정 (□에 "V"표)	정비 및 조치사항	
저압	2.1kgf/cm^2	1.8~2.2kgf/cm^2	□ 양 호 ☑ 불 량	**고압라인(콘덴서, 팽창밸브 등) 누설로 고압라인 교환 후 재점검 또는 컴프레서 교환 후 재점검**	
고압	13kgf/cm^2	20~24kgf/cm^2			

② 저압이 규정값 범위 이내이고, 고압이 규정값 범위 초과(24kgf/cm^2 초과)인 경우

측정 항목	① 측정(또는 점검)		② 판정 및 정비(또는 조치)사항		득 점
	측정값	규정(정비한계)값	판 정 (□에 "V"표)	정비 및 조치사항	
저압	1.9kgf/cm^2	1.8~2.2kgf/cm^2	□ 양 호 ☑ 불 량	**고압라인(콘덴서, 팽창밸브 등) 내 막힘으로 고압라인 교환 후 재점검 또는 컴프레서 교환 후 재점검**	
고압	29kgf/cm^2	20~24kgf/cm^2			

③ 저압이 규정값 범위 미만(1.8kgf/cm^2 미만)이고, 고압이 규정값 범위 이내인 경우

측정 항목	① 측정(또는 점검)		② 판정 및 정비(또는 조치)사항		득 점
	측정값	규정(정비한계)값	판 정 (□에 "v"표)	정비 및 조치사항	
저압	**1.5kgf/cm^2**	**1.8~2.2kgf/cm^2**	□ 양 호 ☑ 불 량	**저압라인 누설로 저압라인 교환 후 재점검 또는 컴프레서 교환 후 재점검**	
고압	**22kgf/cm^2**	**20~24kgf/cm^2**			

④ 저압이 규정값 범위 초과(2.2kgf/cm^2 초과)이고, 고압이 규정값 범위 이내인 경우

측정 항목	① 측정(또는 점검)		② 판정 및 정비(또는 조치)사항		득 점
	측정값	규정(정비한계)값	판 정 (□에 "v"표)	정비 및 조치사항	
저압	**4.6kgf/cm^2**	**1.8~2.2kgf/cm^2**	□ 양 호 ☑ 불 량	**저압라인 내 막힘으로 저압라인 교환 후 재점검 또는 컴프레서 교환 후 재점검**	
고압	**20kgf/cm^2**	**20~24kgf/cm^2**			

⑤ 저압이 규정값 범위 미만(1.8kgf/cm^2 미만)이고, 고압이 규정값 범위 초과(24kgf/cm^2 초과)인 경우

측정 항목	① 측정(또는 점검)		② 판정 및 정비(또는 조치)사항		득 점
	측정값	규정(정비한계)값	판 정 (□에 "v"표)	정비 및 조치사항	
저압	**1.5kgf/cm^2**	**1.8~2.2kgf/cm^2**	□ 양 호 ☑ 불 량	**저압라인 누설로 저압라인 교환하고, 고압라인(콘덴서, 팽창밸브 등) 내 막힘으로 고압라인 교환 후 재점검 또는 컴프레서 교환 후 재점검**	
고압	**31kgf/cm^2**	**20~24kgf/cm^2**			

⑥ 저압이 규정값 범위 초과(2.2kgf/cm^2 초과)이고, 고압이 규정값 범위 미만(20kgf/cm^2 미만)인 경우

측정 항목	① 측정(또는 점검)		② 판정 및 정비(또는 조치)사항		득 점
	측정값	규정(정비한계)값	판 정 (□에 "v"표)	정비 및 조치사항	
저압	**2.8kgf/cm^2**	**1.8~2.2kgf/cm^2**	□ 양 호 ☑ 불 량	**저압라인 내 막힘으로 저압라인 교환하고, 고압라인(콘덴서, 팽창밸브 등) 누설로 고압라인 교환 후 재점검 또는 컴프레서 교환 후 재점검**	
고압	**16kgf/cm^2**	**20~24kgf/cm^2**			

⑦ 저압이 규정값 범위 미만(1.8kgf/cm² 미만)이고, 고압도 규정값 범위 미만(20kgf/cm² 미만)인 경우

측정 항목	① 측정(또는 점검)		② 판정 및 정비(또는 조치)사항		득 점
	측정값	규정(정비한계)값	판 정 (□에 "v"표)	정비 및 조치사항	
저압	$0.9kgf/cm^2$	$1.8\sim2.2kgf/cm^2$	□ 양 호 ☑ 불 량	**냉매량 부족으로 냉매 회수하여 규정량으로 맞춘 후 재점검 또는 컴프레서 교환 후 재점검**	
고압	$10kgf/cm^2$	$20\sim24kgf/cm^2$			

⑧ 저압이 규정값 범위 초과(2.2kgf/cm² 초과)이고, 고압도 규정값 범위 초과(24kgf/cm² 초과)인 경우

측정 항목	① 측정(또는 점검)		② 판정 및 정비(또는 조치)사항		득 점
	측정값	규정(정비한계)값	판 정 (□에 "v"표)	정비 및 조치사항	
저압	$3.4kgf/cm^2$	$1.8\sim2.2kgf/cm^2$	□ 양 호 ☑ 불 량	**냉매량 과다로 냉매 회수하여 규정량으로 맞춘 후 재점검 또는 컴프레서 교환 후 재점검**	
고압	$30kgf/cm^2$	$20\sim24kgf/cm^2$			

TIP

◎ 저압, 고압 둘 중 하나라도 불량이면 판정은 불량입니다.

참 고

- 일반적으로 시험위원이 제시하는 측정조건에 따라 측정합니다.
- 만약, ECU에서 컴프레서를 제어하지 않는 타입의 경우 별도로 측정조건에 대해 언급이 없다면 엔진 시동 후 에어컨을 작동시켜 최저온도, 최고 풍량으로 설정하고 엔진 회전수 약 2,000rpm에서 압력을 측정합니다.
- 일반적으로 시험 시, 저압·고압라인을 구분하여 에어컨 냉매 회수기를 설치한 후 시험위원이 게이지 상에 미리 띄워놓은 측정값을 그대로 작성하여 측정값에 따른 정비 및 조치사항을 작성합니다.

[일반적인 에어컨 라인 압력 불량 시 정비 및 조치사항]

고장 유형		정비 및 조치사항	
저압라인	낮 음	저압라인 누설로 저압라인 교환 후 재점검	또는 컴프레서 교환 후 재점검
	높 음	저압라인 막힘으로 저압라인 교환 후 재점검	
고압라인	낮 음	고압라인(콘덴서, 팽창밸브 등) 누설로 고압라인 교환 후 재점검	
	높 음	고압라인(콘덴서, 팽창밸브 등) 막힘으로 고압라인 교환 후 재점검	
저압·고압라인	낮 음	냉매량 부족으로 냉매 회수하여 규정량으로 맞춘 후 재점검	
	높 음	냉매량 과다로 냉매 회수하여 규정량으로 맞춘 후 재점검	

※ 시험 시, 주어진 자동차의 고장 상태를 확인 후 정비 및 조치사항을 작성하는 것이 가장 정확합니다.

시험안 10

인젝터 코일 저항 점검

주어진 자동차에서 엔진의 인젝터 코일 저항(1개)을 점검하여 솔레노이드 밸브의 이상 유무를 확인한 후 기록표에 기록·판정하시오.

답안지작성법

1. 양호

인젝터 코일 저항이 규정값 범위 이내인 경우

측정 항목	① 측정(또는 점검)		② 판정 및 정비(또는 조치)사항		득 점
	측정값	규정(정비한계)값	판 정 (□에 "v"표)	정비 및 조치사항	
인젝터 코일 저항	15.79Ω/20℃	14~16Ω/20℃	☑ 양 호 □ 불 량	**정비 및 조치사항 없음**	

2. 불량

① 인젝터 코일 저항이 규정값 범위 미만인 경우(14Ω 미만/20℃)

측정 항목	① 측정(또는 점검)		② 판정 및 정비(또는 조치)사항		득 점
	측정값	규정(정비한계)값	판 정 (□에 "v"표)	정비 및 조치사항	
인젝터 코일 저항	8.34Ω/20℃	14~16Ω/20℃	□ 양 호 ☑ 불 량	**인젝터 교환 후 재점검**	

② 인젝터 코일 저항이 규정값 범위 초과인 경우(16Ω 초과/20℃)

측정 항목	① 측정(또는 점검)		② 판정 및 정비(또는 조치)사항		득 점
	측정값	규정(정비한계)값	판 정 (□에 "v"표)	정비 및 조치사항	
인젝터 코일 저항	∞Ω/20℃	14~16Ω/20℃	□ 양 호 ☑ 불 량	**인젝터 교환 후 재점검**	

TIP

- 측정값 작성 시 반드시 규정값에 제시한 단위와 측정조건으로 작성합니다(예 ∞Ω/20℃).
- 인젝터 코일 저항을 점검하기 전에 테스터기의 빨간색 프로브와 검정색 프로브를 단락시킨 후 테스터기에 뜨는 저항을 측정합니다. 이때 측정한 저항이 기준점입니다. 그런 다음 인젝터 코일 저항을 측정한 후 기준점이 되는 저항만큼을 빼주면 순수한 인젝터 코일 저항값입니다.

시험안 11

크랭킹 시 전압강하 점검

주어진 자동차에서 시동 모터의 크랭킹 전압강하시험을 하여 고장부분을 점검한 후 기록표에 기록·판정하시오.

답안지작성법

멀티미터로 12V 80AH 배터리가 장착된 자동차를 점검하는 경우

1. 양호

크랭킹 시 전압강하가 규정값 범위인 경우

측정 항목	① 측정(또는 점검)		② 판정 및 정비(또는 조치)사항		득 점
	측정값	규정(정비한계)값	판 정 (□에 "V"표)	정비 및 조치사항	
크랭킹 전압강하	**11.5V**	**10.6V 이상**	☑ 양 호 □ 불 량	**정비 및 조치사항 없음**	

2. 불량

크랭킹 시 전압강하가 규정값 범위 미만인 경우(10.6V 미만)

측정 항목	① 측정(또는 점검)		② 판정 및 정비(또는 조치)사항		득 점
	측정값	규정(정비한계)값	판 정 (□에 "V"표)	정비 및 조치사항	
크랭킹 전압강하	**7.5V**	**10.6V 이상**	□ 양 호 ☑ 불 량	**배터리 교환 후 재점검**	

TIP

- 일반적으로 크랭킹 후 약 2~3초 뒤에 나오는 안정된 전압값을 측정합니다.

시험안 12, 13

스텝 모터(공회전 속도조절 서보) 저항 점검

주어진 자동차에서 시험위원의 지시에 따라 스텝 모터(공회전 속도조절 서보)의 저항을 점검하여 스텝 모터의 고장부분을 점검한 후 기록표에 기록·판정하시오.

답안지작성법

스텝 모터 회로도		점검단자	명 칭
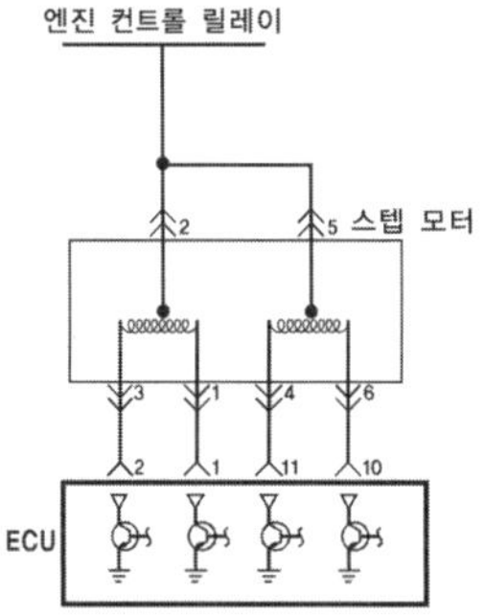		③-①	열림 코일
		④-⑥	닫힘 코일

1. 양호

스텝 모터의 ③-① 코일 저항과 ④-⑥ 코일 저항 둘 다 규정값 범위 이내인 경우

측정 항목	① 측정(또는 점검)		② 판정 및 정비(또는 조치)사항		득 점
	측정값	규정(정비한계)값	판 정 (□에 "v"표)	정비 및 조치사항	
스텝모터 저항	**③-① 코일 : 56.57Ω/20℃** **④-⑥ 코일 : 57.11Ω/20℃**	**③-① 코일 : 55~60Ω/20℃** **④-⑥ 코일 : 55~60Ω/20℃**	☑ 양 호 □ 불 량	**정비 및 조치사항 없음**	

2. 불량

① 스텝 모터의 ③-① 코일 저항과 ④-⑥ 코일 저항 둘 중 하나라도 규정값 범위를 벗어난 경우

측정 항목	① 측정(또는 점검)		② 판정 및 정비(또는 조치)사항		득 점
	측정값	규정(정비한계)값	판 정 (□에 "v"표)	정비 및 조치사항	
스텝모터 저항	**③-① 코일 : ∞Ω/20℃** **④-⑥ 코일 : 58.53Ω/20℃**	**③-① 코일 : 55~60Ω/20℃** **④-⑥ 코일 : 55~60Ω/20℃**	□ 양 호 ☑ 불 량	**스텝 모터 교환 후 재점검 또는 공회전속도조절장치 교환 후 재점검**	

② 스텝 모터의 ③-① 코일 저항과 ④-⑥ 코일 저항 둘 다 규정값 범위를 벗어난 경우

측정 항목	① 측정(또는 점검)		② 판정 및 정비(또는 조치)사항		득 점
	측정값	규정(정비한계)값	판 정 (□에 "v"표)	정비 및 조치사항	
스텝모터 저항	③-① **코일 : 63.64Ω/20℃** ④-⑥ **코일 : 62.21Ω/20℃**	③-① **코일 : 55~60Ω/20℃** ④-⑥ **코일 : 55~60Ω/20℃**	□ 양 호 ☑ 불 량	**스텝 모터 교환 후 재점검 또는 공회전속도조절장치 교환 후 재점검**	

TIP

- 측정값 작성 시 반드시 규정값에 제시한 단위와 측정조건으로 작성합니다
  (예 ③-① 코일 : ∞Ω/20℃, ④-⑥ 코일 : 60.5Ω/20℃)
- 스텝 모터 저항을 점검하기 전에 테스터기의 빨간색 프로브와 검정색 프로브를 단락시킨 후 테스터기에 뜨는 저항을 측정합니다. 이때 측정한 저항이 기준점입니다. 그런 다음 스텝 모터 저항을 측정한 후 기준점이 되는 저항만큼을 빼주면 순수한 스텝 모터 저항값입니다.

참 고

스텝 모터가 아닌 다른 타입의 공회전속도조절장치를 출제할 수도 있으므로 시험위원이 제시하는 타입 및 측정조건에 따라 작성합니다.

시험안 1

미등 및 번호등 회로 점검

주어진 자동차에서 미등 및 번호등 회로에 고장부분을 점검한 후 기록·판정하시오.

답안지작성법

1. **불량**

① 퓨즈가 단선된 경우

측정 항목	① 측정(또는 점검)		② 판정 및 정비(또는 조치)사항		득 점
	이상부위	내용 및 상태	판 정 (□에 "v"표)	정비 및 조치사항	
미등 및 번호등 회로	**미등 퓨즈 20A**	**단 선**	□ 양 호 ☑ 불 량	**20A 퓨즈로 교환 후 재점검**	

② 릴레이가 없는 경우

측정 항목	① 측정(또는 점검)		② 판정 및 정비(또는 조치)사항		득 점
	이상부위	내용 및 상태	판 정 (□에 "v"표)	정비 및 조치사항	
미등 및 번호등 회로	**미등 릴레이**	**없 음**	□ 양 호 ☑ 불 량	**릴레이 장착 후 재점검**	

③ 전구 커넥터가 탈거된 경우

측정 항목	① 측정(또는 점검)		② 판정 및 정비(또는 조치)사항		득 점
	이상부위	내용 및 상태	판 정 (□에 "v"표)	정비 및 조치사항	
미등 및 번호등 회로	**우측 뒤 미등 전구**	**커넥터 탈거**	□ 양 호 ☑ 불 량	**커넥터 결합 후 재점검**	

④ 스위치 커넥터가 탈거된 경우

측정 항목	① 측정(또는 점검)		② 판정 및 정비(또는 조치)사항		득 점
	이상부위	내용 및 상태	판 정 (□에 "v"표)	정비 및 조치사항	
미등 및 번호등 회로	**다기능 스위치**	**커넥터 탈거**	□ 양 호 ☑ 불 량	**커넥터 결합 후 재점검**	

TIP

- 회로도 및 퓨즈·릴레이박스 커버를 참고하여 이상부위의 명칭을 작성합니다.
- 필요 시 이상부위의 위치(앞, 뒤, 좌, 우 등)를 구체적으로 작성합니다.
- 퓨즈의 경우 어디에 들어가는 퓨즈인지 몇 A 퓨즈인지 구체적으로 작성합니다.

참 고

[일반적인 회로 불량 시 정비 및 조치사항]

이상부위	내용 및 상태	정비 및 조치사항
퓨 즈	없 음	규정용량 퓨즈 장착 후 재점검
	단 선	규정용량 퓨즈로 교환 후 재점검
	규정용량 아님	규정용량 퓨즈로 교환 후 재점검
전 구	없 음	규정용량 전구 장착 후 재점검
	단 선	규정용량 전구로 교환 후 재점검
	커넥터 탈거	커넥터 결합 후 재점검
릴레이	없 음	릴레이 장착 후 재점검
	단 선	릴레이 교환 후 재점검
스위치, 모터 등 기타 단품	커넥터 탈거	커넥터 결합 후 재점검

시험안 2

전조등 회로 점검

주어진 자동차에서 전조등 회로에 고장부분을 점검한 후 기록·판정하시오.

답안지작성법

1. 불량

① 퓨즈가 단선된 경우

측정 항목	① 측정(또는 점검)		② 판정 및 정비(또는 조치)사항		득 점
	이상부위	내용 및 상태	판 정 (□에 "v"표)	정비 및 조치사항	
전조등 회로	**좌측 전조등(LOW) 퓨즈 15A**	**단 선**	□ 양 호 ☑ 불 량	**15A 퓨즈로 교환 후 재점검**	

② 릴레이가 없는 경우

측정 항목	① 측정(또는 점검)		② 판정 및 정비(또는 조치)사항		득 점
	이상부위	내용 및 상태	판 정 (□에 "v"표)	정비 및 조치사항	
전조등 회로	**전조등 릴레이(HIGH)**	**없 음**	□ 양 호 ☑ 불 량	**릴레이 장착 후 재점검**	

③ 전구가 없는 경우

측정 항목	① 측정(또는 점검)		② 판정 및 정비(또는 조치)사항		득 점
	이상부위	내용 및 상태	판 정 (□에 "v"표)	정비 및 조치사항	
전조등 회로	**우측 전조등 전구**	**없 음**	□ 양 호 ☑ 불 량	**규정용량 전구 장착 후 재점검**	

④ 스위치 커넥터가 탈거된 경우

측정 항목	① 측정(또는 점검)		② 판정 및 정비(또는 조치)사항		득 점
	이상부위	내용 및 상태	판 정 (□에 "v"표)	정비 및 조치사항	
전조등 회로	**다기능 스위치**	**커넥터 탈거**	□ 양 호 ☑ 불 량	**커넥터 결합 후 재점검**	

TIP

- 회로도 및 퓨즈·릴레이박스 커버를 참고하여 이상부위의 명칭을 작성합니다.
- 필요 시 이상부위의 위치(앞, 뒤, 좌, 우 등)를 구체적으로 작성합니다.
- 퓨즈의 경우 어디에 들어가는 퓨즈인지 몇 A 퓨즈인지 구체적으로 작성합니다.

참고

[일반적인 회로 불량 시 정비 및 조치사항]

이상부위	내용 및 상태	정비 및 조치사항
퓨 즈	없 음	규정용량 퓨즈 장착 후 재점검
	단 선	규정용량 퓨즈로 교환 후 재점검
	규정용량 아님	규정용량 퓨즈로 교환 후 재점검
전 구	없 음	규정용량 전구 장착 후 재점검
	단 선	규정용량 전구로 교환 후 재점검
	커넥터 탈거	커넥터 결합 후 재점검
릴레이	없 음	릴레이 장착 후 재점검
	단 선	릴레이 교환 후 재점검
스위치, 모터 등 기타 단품	커넥터 탈거	커넥터 결합 후 재점검

시험안 3, 14

와이퍼 회로 점검

주어진 자동차에서 와이퍼 회로에 고장부분을 점검한 후 기록·판정하시오.

답안지작성법

1. 불량

① 퓨즈가 단선된 경우

측정 항목	① 측정(또는 점검)		② 판정 및 정비(또는 조치)사항		득 점
	이상부위	내용 및 상태	판 정 (□에 "V"표)	정비 및 조치사항	
와이퍼 회로	**와이퍼 앞 퓨즈 25A**	**단 선**	□ 양 호 ☑ 불 량	**25A 퓨즈로 교환 후 재점검**	

② 퓨즈 용량이 바뀐 경우(규정용량이 15A이나, 10A가 장착되어 있는 경우)

측정 항목	① 측정(또는 점검)		② 판정 및 정비(또는 조치)사항		득 점
	이상부위	내용 및 상태	판 정 (□에 "V"표)	정비 및 조치사항	
와이퍼 회로	**와이퍼 뒤 퓨즈**	**규정용량 아님 (10A 장착됨)**	□ 양 호 ☑ 불 량	**15A 퓨즈로 교환 후 재점검**	

③ 릴레이가 없는 경우

측정 항목	① 측정(또는 점검)		② 판정 및 정비(또는 조치)사항		득 점
	이상부위	내용 및 상태	판 정 (□에 "V"표)	정비 및 조치사항	
와이퍼 회로	**와이퍼 모터 릴레이**	**없 음**	□ 양 호 ☑ 불 량	**릴레이 장착 후 재점검**	

④ 와이퍼 모터 커넥터가 탈거된 경우

측정 항목	① 측정(또는 점검)		② 판정 및 정비(또는 조치)사항		득 점
	이상부위	내용 및 상태	판 정 (□에 "V"표)	정비 및 조치사항	
와이퍼 회로	**앞 와이퍼 모터**	**커넥터 탈거**	□ 양 호 ☑ 불 량	**커넥터 결합 후 재점검**	

TIP

- 회로도 및 퓨즈·릴레이박스 커버를 참고하여 이상부위의 명칭을 작성합니다.
- 필요시 이상부위의 위치(앞, 뒤, 좌, 우 등)를 구체적으로 작성합니다.
- 퓨즈의 경우 어디에 들어가는 퓨즈인지 몇 A 퓨즈인지 구체적으로 작성합니다.

참 고

[일반적인 회로 불량 시 정비 및 조치사항]

이상부위	내용 및 상태	정비 및 조치사항
퓨 즈	없 음	규정용량 퓨즈 장착 후 재점검
	단 선	규정용량 퓨즈로 교환 후 재점검
	규정용량 아님	규정용량 퓨즈로 교환 후 재점검
전 구	없 음	규정용량 전구 장착 후 재점검
	단 선	규정용량 전구로 교환 후 재점검
	커넥터 탈거	커넥터 결합 후 재점검
릴레이	없 음	릴레이 장착 후 재점검
	단 선	릴레이 교환 후 재점검
스위치, 모터 등 기타 단품	커넥터 탈거	커넥터 결합 후 재점검

시험안 4, 13

방향지시등 회로 점검

주어진 자동차에서 방향지시등 회로에 고장부분을 점검한 후 기록·판정하시오.

답안지작성법

1. 불량

① 퓨즈가 단선된 경우

측정 항목	① 측정(또는 점검)		② 판정 및 정비(또는 조치)사항		득 점
	이상부위	내용 및 상태	판 정 (□에 "v"표)	정비 및 조치사항	
방향지시등 회로	**방향지시등 퓨즈 10A**	**단 선**	□ 양 호 ☑ 불 량	**10A 퓨즈로 교환 후 재점검**	

② 릴레이가 없는 경우

측정 항목	① 측정(또는 점검)		② 판정 및 정비(또는 조치)사항		득 점
	이상부위	내용 및 상태	판 정 (□에 "v"표)	정비 및 조치사항	
방향지시등 회로	**방향지시등 릴레이**	**없 음**	□ 양 호 ☑ 불 량	**릴레이 장착 후 재점검**	

③ 전구가 단선된 경우

측정 항목	① 측정(또는 점검)		② 판정 및 정비(또는 조치)사항		득 점
	이상부위	내용 및 상태	판 정 (□에 "v"표)	정비 및 조치사항	
방향지시등 회로	**좌측 뒤 방향지시등 전구**	**단 선**	□양 호 ☑불 량	**규정용량 전구로 교환 후 재점검**	

④ 스위치 커넥터가 탈거된 경우

측정 항목	① 측정(또는 점검)		② 판정 및 정비(또는 조치)사항		득 점
	이상부위	내용 및 상태	판 정 (□에 "v"표)	정비 및 조치사항	
방향지시등 회로	**다기능 스위치**	**커넥터 탈거**	□ 양 호 ☑ 불 량	**커넥터 결합 후 재점검**	

TIP

- 회로도 및 퓨즈·릴레이박스 커버를 참고하여 이상부위의 명칭을 작성합니다.
- 필요시 이상부위의 위치(앞, 뒤, 좌, 우 등)를 구체적으로 작성합니다.
- 퓨즈의 경우 어디에 들어가는 퓨즈인지 몇 A 퓨즈인지 구체적으로 작성합니다.

참 고

[일반적인 회로 불량 시 정비 및 조치사항]

이상부위	내용 및 상태	정비 및 조치사항
퓨 즈	없 음	규정용량 퓨즈 장착 후 재점검
	단 선	규정용량 퓨즈로 교환 후 재점검
	규정용량 아님	규정용량 퓨즈로 교환 후 재점검
전 구	없 음	규정용량 전구 장착 후 재점검
	단 선	규정용량 전구로 교환 후 재점검
	커넥터 탈거	커넥터 결합 후 재점검
릴레이	없 음	릴레이 장착 후 재점검
	단 선	릴레이 교환 후 재점검
스위치, 모터 등 기타 단품	커넥터 탈거	커넥터 결합 후 재점검

시험안 5

경음기 회로 점검

주어진 자동차에서 경음기 회로에 고장부분을 점검한 후 기록·판정하시오.

답안지작성법

1. **불량**

① 퓨즈가 단선된 경우

측정 항목	① 측정(또는 점검)		② 판정 및 정비(또는 조치)사항		득 점
	이상부위	내용 및 상태	판 정 (□에 "v"표)	정비 및 조치사항	
경음기 회로	**경음기 퓨즈 10A**	**단 선**	□ 양 호 ☑ 불 량	**10A 퓨즈로 교환 후 재점검**	

② 릴레이가 없는 경우

측정 항목	① 측정(또는 점검)		② 판정 및 정비(또는 조치)사항		득 점
	이상부위	내용 및 상태	판 정 (□에 "v"표)	정비 및 조치사항	
경음기 회로	**경음기 릴레이**	**없 음**	□ 양 호 ☑ 불 량	**릴레이 장착 후 재점검**	

③ 경음기 커넥터가 탈거된 경우

측정 항목	① 측정(또는 점검)		② 판정 및 정비(또는 조치)사항		득 점
	이상부위	내용 및 상태	판 정 (□에 "v"표)	정비 및 조치사항	
경음기 회로	**우측 경음기**	**커넥터 탈거**	□ 양 호 ☑ 불 량	**커넥터 결합 후 재점검**	

④ 스위치 커넥터가 탈거된 경우

측정 항목	① 측정(또는 점검)		② 판정 및 정비(또는 조치)사항		득 점
	이상부위	내용 및 상태	판 정 (□에 "v"표)	정비 및 조치사항	
경음기 회로	**경음기 스위치**	**커넥터 탈거**	□ 양 호 ☑ 불 량	**커넥터 결합 후 재점검**	

TIP

- 회로도 및 퓨즈·릴레이박스 커버를 참고하여 이상부위의 명칭을 작성합니다.
- 필요시 이상부위의 위치(앞, 뒤, 좌, 우 등)를 구체적으로 작성합니다.
- 퓨즈의 경우 어디에 들어가는 퓨즈인지 몇 A 퓨즈인지 구체적으로 작성합니다.

참 고

[일반적인 회로 불량 시 정비 및 조치사항]

이상부위	내용 및 상태	정비 및 조치사항
퓨 즈	없 음	규정용량 퓨즈 장착 후 재점검
	단 선	규정용량 퓨즈로 교환 후 재점검
	규정용량 아님	규정용량 퓨즈로 교환 후 재점검
전 구	없 음	규정용량 전구 장착 후 재점검
	단 선	규정용량 전구로 교환 후 재점검
	커넥터 탈거	커넥터 결합 후 재점검
릴레이	없 음	릴레이 장착 후 재점검
	단 선	릴레이 교환 후 재점검
스위치, 모터 등 기타 단품	커넥터 탈거	커넥터 결합 후 재점검

시험안 6

기동 및 점화 회로 점검

주어진 자동차에서 기동 및 점화 회로에 고장부분을 점검한 후 기록·판정하시오.

답안지작성법

1. 불량

① 퓨즈가 단선된 경우

측정 항목	① 측정(또는 점검)		② 판정 및 정비(또는 조치)사항		득 점
	이상부위	내용 및 상태	판 정 (□에 "v"표)	정비 및 조치사항	
기동 및 점화 회로	**스타트 퓨즈 30A**	**단 선**	□ 양 호 ☑ 불 량	**30A 퓨즈로 교환 후 재점검**	

② 릴레이가 없는 경우

측정 항목	① 측정(또는 점검)		② 판정 및 정비(또는 조치)사항		득 점
	이상부위	내용 및 상태	판 정 (□에 "v"표)	정비 및 조치사항	
기동 및 점화 회로	**스타트 릴레이**	**없 음**	□ 양 호 ☑ 불 량	**릴레이 장착 후 재점검**	

③ 스타트 모터 ST단자 커넥터가 탈거된 경우

측정 항목	① 측정(또는 점검)		② 판정 및 정비(또는 조치)사항		득 점
	이상부위	내용 및 상태	판 정 (□에 "v"표)	정비 및 조치사항	
기동 및 점화 회로	**스타트 모터 ST단자**	**커넥터 탈거**	□ 양 호 ☑ 불 량	**커넥터 결합 후 재점검**	

④ 스위치 커넥터가 탈거된 경우

측정 항목	① 측정(또는 점검)		② 판정 및 정비(또는 조치)사항		득 점
	이상부위	내용 및 상태	판 정 (□에 "v"표)	정비 및 조치사항	
기동 및 점화 회로	**이그니션 스위치**	**커넥터 탈거**	□ 양 호 ☑ 불 량	**커넥터 결합 후 재점검**	

TIP

- 회로도 및 퓨즈·릴레이박스 커버를 참고하여 이상부위의 명칭을 작성합니다.
- 필요시 이상부위의 위치(앞, 뒤, 좌, 우 등)를 구체적으로 작성합니다.
- 퓨즈의 경우 어디에 들어가는 퓨즈인지 몇 A 퓨즈인지 구체적으로 작성합니다.

참 고

[일반적인 회로 불량 시 정비 및 조치사항]

이상부위	내용 및 상태	정비 및 조치사항
퓨 즈	없 음	규정용량 퓨즈 장착 후 재점검
	단 선	규정용량 퓨즈로 교환 후 재점검
	규정용량 아님	규정용량 퓨즈로 교환 후 재점검
전 구	없 음	규정용량 전구 장착 후 재점검
	단 선	규정용량 전구로 교환 후 재점검
	커넥터 탈거	커넥터 결합 후 재점검
릴레이	없 음	릴레이 장착 후 재점검
	단 선	릴레이 교환 후 재점검
스위치, 모터 등 기타 단품	커넥터 탈거	커넥터 결합 후 재점검

시험안 7

전동팬 회로 점검

주어진 자동차에서 전동팬 회로에 고장부분을 점검한 후 기록·판정하시오.

답안지작성법

1. 불량

① 퓨즈가 단선된 경우

측정 항목	① 측정(또는 점검)		② 판정 및 정비(또는 조치)사항		득 점
	이상부위	내용 및 상태	판 정 (□에 "v"표)	정비 및 조치사항	
전동팬 회로	**ECU 퓨즈 10A**	**단 선**	□ 양 호 ☑ 불 량	**10A 퓨즈로 교환 후 재점검**	

② 릴레이가 없는 경우

측정 항목	① 측정(또는 점검)		② 판정 및 정비(또는 조치)사항		득 점
	이상부위	내용 및 상태	판 정 (□에 "v"표)	정비 및 조치사항	
전동팬 회로	**냉각팬 로우 릴레이**	**없 음**	□ 양 호 ☑ 불 량	**릴레이 장착 후 재점검**	

③ 냉각팬 모터 커넥터가 탈거된 경우

측정 항목	① 측정(또는 점검)		② 판정 및 정비(또는 조치)사항		득 점
	이상부위	내용 및 상태	판 정 (□에 "v"표)	정비 및 조치사항	
전동팬 회로	**냉각팬 모터**	**커넥터 탈거**	□ 양 호 ☑ 불 량	**커넥터 결합 후 재점검**	

④ 냉각수온센서 커넥터가 탈거된 경우

측정 항목	① 측정(또는 점검)		② 판정 및 정비(또는 조치)사항		득 점
	이상부위	내용 및 상태	판 정 (□에 "v"표)	정비 및 조치사항	
전동팬 회로	**냉각수온센서**	**커넥터 탈거**	□ 양 호 ☑ 불 량	**커넥터 결합 후 재점검**	

TIP

- 회로도 및 퓨즈·릴레이박스 커버를 참고하여 이상부위의 명칭을 작성합니다.
- 필요시 이상부위의 위치(앞, 뒤, 좌, 우 등)를 구체적으로 작성합니다.
- 퓨즈의 경우 어디에 들어가는 퓨즈인지 몇 A 퓨즈인지 구체적으로 작성합니다.

참 고

[일반적인 회로 불량 시 정비 및 조치사항]

이상부위	내용 및 상태	정비 및 조치사항
퓨 즈	없 음	규정용량 퓨즈 장착 후 재점검
	단 선	규정용량 퓨즈로 교환 후 재점검
	규정용량 아님	규정용량 퓨즈로 교환 후 재점검
전 구	없 음	규정용량 전구 장착 후 재점검
	단 선	규정용량 전구로 교환 후 재점검
	커넥터 탈거	커넥터 결합 후 재점검
릴레이	없 음	릴레이 장착 후 재점검
	단 선	릴레이 교환 후 재점검
스위치, 모터 등 기타 단품	커넥터 탈거	커넥터 결합 후 재점검

시험안 8

충전 회로 점검

주어진 자동차에서 충전 회로에 고장부분을 점검한 후 기록·판정하시오.

답안지작성법

1. 불량

① 퓨즈가 단선된 경우

측정 항목	① 측정(또는 점검)		② 판정 및 정비(또는 조치)사항		득 점
	이상부위	내용 및 상태	판 정 (□에 "v"표)	정비 및 조치사항	
충전 회로	**배터리 퓨즈블링크 120A**	**단 선**	□ 양 호 ☑ 불 량	**120A 퓨즈블링크로 교환 후 재점검**	

② 퓨즈가 없는 경우

측정 항목	① 측정(또는 점검)		② 판정 및 정비(또는 조치)사항		득 점
	이상부위	내용 및 상태	판 정 (□에 "v"표)	정비 및 조치사항	
충전 회로	**IGN 퓨즈 15A**	**없 음**	□ 양 호 ☑ 불 량	**15A 퓨즈 장착 후 재점검**	

③ 발전기 커넥터가 탈거된 경우

측정 항목	① 측정(또는 점검)		② 판정 및 정비(또는 조치)사항		득 점
	이상부위	내용 및 상태	판 정 (□에 "v"표)	정비 및 조치사항	
충전 회로	**발전기**	**커넥터 탈거**	□ 양 호 ☑ 불 량	**커넥터 결합 후 재점검**	

④ 스위치 커넥터가 탈거된 경우

측정 항목	① 측정(또는 점검)		② 판정 및 정비(또는 조치)사항		득 점
	이상부위	내용 및 상태	판 정 (□에 "v"표)	정비 및 조치사항	
충전 회로	**이그니션 스위치**	**커넥터 탈거**	□ 양 호 ☑ 불 량	**커넥터 결합 후 재점검**	

TIP

- 회로도 및 퓨즈·릴레이박스 커버를 참고하여 이상부위의 명칭을 작성합니다.
- 필요시 이상부위의 위치(앞, 뒤, 좌, 우 등)를 구체적으로 작성합니다.
- 퓨즈의 경우 어디에 들어가는 퓨즈인지 몇 A 퓨즈인지 구체적으로 작성합니다.

참 고

[일반적인 회로 불량 시 정비 및 조치사항]

이상부위	내용 및 상태	정비 및 조치사항
퓨 즈	없 음	규정용량 퓨즈 장착 후 재점검
	단 선	규정용량 퓨즈로 교환 후 재점검
	규정용량 아님	규정용량 퓨즈로 교환 후 재점검
전 구	없 음	규정용량 전구 장착 후 재점검
	단 선	규정용량 전구로 교환 후 재점검
	커넥터 탈거	커넥터 결합 후 재점검
릴레이	없 음	릴레이 장착 후 재점검
	단 선	릴레이 교환 후 재점검
스위치, 모터 등 기타 단품	커넥터 탈거	커넥터 결합 후 재점검

시험안 9

에어컨 회로 점검

주어진 자동차에서 에어컨 회로에 고장부분을 점검한 후 기록·판정하시오.

답안지작성법

1. 불량

① 퓨즈가 단선된 경우

측정 항목	① 측정(또는 점검)		② 판정 및 정비(또는 조치)사항		득 점
	이상부위	내용 및 상태	판 정 (□에 "v"표)	정비 및 조치사항	
에어컨 회로	**IGN2 퓨즈 15A**	**단 선**	□ 양 호 ☑ 불 량	**15A 퓨즈로 교환 후 재점검**	

② 릴레이가 없는 경우

측정 항목	① 측정(또는 점검)		② 판정 및 정비(또는 조치)사항		득 점
	이상부위	내용 및 상태	판 정 (□에 "v"표)	정비 및 조치사항	
에어컨 회로	**에어컨 컴프레서 릴레이**	**없 음**	□ 양 호 ☑ 불 량	**릴레이 장착 후 재점검**	

③ 콘덴서 팬 커넥터가 탈거된 경우

측정 항목	① 측정(또는 점검)		② 판정 및 정비(또는 조치)사항		득 점
	이상부위	내용 및 상태	판 정 (□에 "v"표)	정비 및 조치사항	
에어컨 회로	**콘덴서 팬**	**커넥터 탈거**	□ 양 호 ☑ 불 량	**커넥터 결합 후 재점검**	

④ 외기온도센서 커넥터가 탈거된 경우

측정 항목	① 측정(또는 점검)		② 판정 및 정비(또는 조치)사항		득 점
	이상부위	내용 및 상태	판 정 (□에 "v"표)	정비 및 조치사항	
에어컨 회로	**외기온도센서**	**커넥터 탈거**	□ 양 호 ☑ 불 량	**커넥터 결합 후 재점검**	

TIP

- 회로도 및 퓨즈·릴레이박스 커버를 참고하여 이상부위의 명칭을 작성합니다.
- 필요시 이상부위의 위치(앞, 뒤, 좌, 우 등)를 구체적으로 작성합니다.
- 퓨즈의 경우 어디에 들어가는 퓨즈인지 몇 A 퓨즈인지 구체적으로 작성합니다.

참 고

[일반적인 회로 불량 시 정비 및 조치사항]

이상부위	내용 및 상태	정비 및 조치사항
퓨 즈	없 음	규정용량 퓨즈 장착 후 재점검
	단 선	규정용량 퓨즈로 교환 후 재점검
	규정용량 아님	규정용량 퓨즈로 교환 후 재점검
전 구	없 음	규정용량 전구 장착 후 재점검
	단 선	규정용량 전구로 교환 후 재점검
	커넥터 탈거	커넥터 결합 후 재점검
릴레이	없 음	릴레이 장착 후 재점검
	단 선	릴레이 교환 후 재점검
스위치, 모터 등 기타 단품	커넥터 탈거	커넥터 결합 후 재점검

시험안 10

점화 회로 점검

주어진 자동차에서 점화 회로에 고장부분을 점검한 후 기록·판정하시오.

답안지작성법

1. **불량**

① 퓨즈가 단선된 경우

측정 항목	① 측정(또는 점검)		② 판정 및 정비(또는 조치)사항		득 점
	이상부위	내용 및 상태	판 정 (□에 "v"표)	정비 및 조치사항	
점화 회로	**이그니션 코일 퓨즈 15A**	**단 선**	□ 양 호 ☑ 불 량	**15A 퓨즈로 교환 후 재점검**	

② 릴레이가 단선된 경우

측정 항목	① 측정(또는 점검)		② 판정 및 정비(또는 조치)사항		득 점
	이상부위	내용 및 상태	판 정 (□에 "v"표)	정비 및 조치사항	
점화 회로	**엔진메인릴레이**	**단 선**	□ 양 호 ☑ 불 량	**릴레이 교환 후 재점검**	

③ 이그니션 코일 커넥터가 탈거된 경우

측정 항목	① 측정(또는 점검)		② 판정 및 정비(또는 조치)사항		득 점
	이상부위	내용 및 상태	판 정 (□에 "v"표)	정비 및 조치사항	
점화 회로	**이그니션 코일**	**커넥터 탈거**	□ 양 호 ☑ 불 량	**커넥터 결합 후 재점검**	

④ 크랭크각센서 커넥터가 탈거된 경우

측정 항목	① 측정(또는 점검)		② 판정 및 정비(또는 조치)사항		득 점
	이상부위	내용 및 상태	판 정 (□에 "v"표)	정비 및 조치사항	
점화 회로	**크랭크각센서**	**커넥터 탈거**	□ 양 호 ☑ 불 량	**커넥터 결합 후 재점검**	

TIP

- 회로도 및 퓨즈·릴레이박스 커버를 참고하여 이상부위의 명칭을 작성합니다.
- 필요시 이상부위의 위치(앞, 뒤, 좌, 우 등)를 구체적으로 작성합니다.
- 퓨즈의 경우 어디에 들어가는 퓨즈인지 몇 A 퓨즈인지 구체적으로 작성합니다.

참 고

[일반적인 회로 불량 시 정비 및 조치사항]

이상부위	내용 및 상태	정비 및 조치사항
퓨 즈	없 음	규정용량 퓨즈 장착 후 재점검
	단 선	규정용량 퓨즈로 교환 후 재점검
	규정용량 아님	규정용량 퓨즈로 교환 후 재점검
전 구	없 음	규정용량 전구 장착 후 재점검
	단 선	규정용량 전구로 교환 후 재점검
	커넥터 탈거	커넥터 결합 후 재점검
릴레이	없 음	릴레이 장착 후 재점검
	단 선	릴레이 교환 후 재점검
스위치, 모터 등 기타 단품	커넥터 탈거	커넥터 결합 후 재점검

시험안 11

제동등 및 미등 회로 점검

주어진 자동차에서 제동 및 미등 회로에 고장부분을 점검한 후 기록·판정하시오.

답안지작성법

1. 불량

① 퓨즈가 단선된 경우

측정 항목	① 측정(또는 점검)		② 판정 및 정비(또는 조치)사항		득 점
	이상부위	내용 및 상태	판 정 (□에 "V"표)	정비 및 조치사항	
제동등 및 미등 회로	**정지등 퓨즈 20A**	**단 선**	□ 양 호 ☑ 불 량	**20A 퓨즈로 교환 후 재점검**	

② 퓨즈가 없는 경우

측정 항목	① 측정(또는 점검)		② 판정 및 정비(또는 조치)사항		득 점
	이상부위	내용 및 상태	판 정 (□에 "V"표)	정비 및 조치사항	
제동등 및 미등 회로	**IGN1 퓨즈 15A**	**없 음**	□ 양 호 ☑ 불 량	**15A 퓨즈 장착 후 재점검**	

③ 전구가 없는 경우

측정 항목	① 측정(또는 점검)		② 판정 및 정비(또는 조치)사항		득 점
	이상부위	내용 및 상태	판 정 (□에 "V"표)	정비 및 조치사항	
제동등 및 미등 회로	**우측 뒤 정지등 전구**	**없 음**	□ 양 호 ☑ 불 량	**규정용량 전구 장착 후 재점검**	

④ 스위치 커넥터가 탈거된 경우

측정 항목	① 측정(또는 점검)		② 판정 및 정비(또는 조치)사항		득 점
	이상부위	내용 및 상태	판 정 (□에 "V"표)	정비 및 조치사항	
제동등 및 미등 회로	**정지등 스위치**	**커넥터 탈거**	□ 양 호 ☑ 불 량	**커넥터 결합 후 재점검**	

TIP

- 회로도 및 퓨즈·릴레이박스 커버를 참고하여 이상부위의 명칭을 작성합니다.
- 필요시 이상부위의 위치(앞, 뒤, 좌, 우 등)를 구체적으로 작성합니다.
- 퓨즈의 경우 어디에 들어가는 퓨즈인지 몇 A 퓨즈인지 구체적으로 작성합니다.

참 고

[일반적인 회로 불량 시 정비 및 조치사항]

이상부위	내용 및 상태	정비 및 조치사항
퓨 즈	없 음	규정용량 퓨즈 장착 후 재점검
	단 선	규정용량 퓨즈로 교환 후 재점검
	규정용량 아님	규정용량 퓨즈로 교환 후 재점검
전 구	없 음	규정용량 전구 장착 후 재점검
	단 선	규정용량 전구로 교환 후 재점검
	커넥터 탈거	커넥터 결합 후 재점검
릴레이	없 음	릴레이 장착 후 재점검
	단 선	릴레이 교환 후 재점검
스위치, 모터 등 기타 단품	커넥터 탈거	커넥터 결합 후 재점검

시험안 12

실내등 및 열선 회로 점검

주어진 자동차에서 실내등 및 열선 회로에 고장부분을 점검한 후 기록·판정하시오.

답안지작성법

1. 불량

① 퓨즈가 단선된 경우

측정 항목	① 측정(또는 점검)		② 판정 및 정비(또는 조치)사항		득 점
	이상부위	내용 및 상태	판 정 (□에 "v"표)	정비 및 조치사항	
실내등 및 열선 회로	**시트열선 퓨즈 20A**	**단 선**	□ 양 호 ☑ 불 량	**20A 퓨즈로 교환 후 재점검**	

② 릴레이가 없는 경우

측정 항목	① 측정(또는 점검)		② 판정 및 정비(또는 조치)사항		득 점
	이상부위	내용 및 상태	판 정 (□에 "v"표)	정비 및 조치사항	
실내등 및 열선 회로	**실내등 릴레이**	**없 음**	□ 양 호 ☑ 불 량	**릴레이 장착 후 재점검**	

③ 전구가 단선된 경우

측정 항목	① 측정(또는 점검)		② 판정 및 정비(또는 조치)사항		득 점
	이상부위	내용 및 상태	판 정 (□에 "v"표)	정비 및 조치사항	
실내등 및 열선 회로	**센터 룸 램프 전구**	**단 선**	□ 양 호 ☑ 불 량	**규정용량 전구로 교환 후 재점검**	

④ 스위치 커넥터가 탈거된 경우

측정 항목	① 측정(또는 점검)		② 판정 및 정비(또는 조치)사항		득 점
	이상부위	내용 및 상태	판 정 (□에 "v"표)	정비 및 조치사항	
실내등 및 열선 회로	**운전석 시트 히터 스위치**	**커넥터 탈거**	□ 양 호 ☑ 불 량	**커넥터 결합 후 재점검**	

TIP

- 회로도 및 퓨즈·릴레이박스 커버를 참고하여 이상부위의 명칭을 작성합니다.
- 필요시 이상부위의 위치(앞, 뒤, 좌, 우 등)를 구체적으로 작성합니다.
- 퓨즈의 경우 어디에 들어가는 퓨즈인지 몇 A 퓨즈인지 구체적으로 작성합니다.

참 고

[일반적인 회로 불량 시 정비 및 조치사항]

이상부위	내용 및 상태	정비 및 조치사항
퓨 즈	없 음	규정용량 퓨즈 장착 후 재점검
	단 선	규정용량 퓨즈로 교환 후 재점검
	규정용량 아님	규정용량 퓨즈로 교환 후 재점검
전 구	없 음	규정용량 전구 장착 후 재점검
	단 선	규정용량 전구로 교환 후 재점검
	커넥터 탈거	커넥터 결합 후 재점검
릴레이	없 음	릴레이 장착 후 재점검
	단 선	릴레이 교환 후 재점검
스위치, 모터 등 기타 단품	커넥터 탈거	커넥터 결합 후 재점검

시험안 15

파워윈도 회로 점검

주어진 자동차에서 파워윈도 회로에 고장부분을 점검한 후 기록·판정하시오.

답안지작성법

1. 불량

① 퓨즈가 단선된 경우

측정 항목	① 측정(또는 점검)		② 판정 및 정비(또는 조치)사항		득 점
	이상부위	내용 및 상태	판 정 (□에 "v"표)	정비 및 조치사항	
제동등 및 미등 회로	**정지등 퓨즈 20A**	**단 선**	□ 양 호 ☑ 불 량	**20A 퓨즈로 교환 후 재점검**	

② 릴레이가 단선된 경우

측정 항목	① 측정(또는 점검)		② 판정 및 정비(또는 조치)사항		득 점
	이상부위	내용 및 상태	판 정 (□에 "v"표)	정비 및 조치사항	
파워윈도 회로	**파워윈도 릴레이**	**단 선**	□ 양 호 ☑ 불 량	**릴레이 교환 후 재점검**	

③ 파워윈도 모터 커넥터가 탈거된 경우

측정 항목	① 측정(또는 점검)		② 판정 및 정비(또는 조치)사항		득 점
	이상부위	내용 및 상태	판 정 (□에 "v"표)	정비 및 조치사항	
파워윈도 회로	**우측 뒤 파워윈도 모터**	**커넥터 탈거**	□ 양 호 ☑ 불 량	**커넥터 결합 후 재점검**	

④ 스위치 커넥터가 탈거된 경우

측정 항목	① 측정(또는 점검)		② 판정 및 정비(또는 조치)사항		득 점
	이상부위	내용 및 상태	판 정 (□에 "v"표)	정비 및 조치사항	
파워윈도 회로	**파워윈도 메인 스위치**	**커넥터 탈거**	□ 양 호 ☑ 불 량	**커넥터 결합 후 재점검**	

TIP

- 회로도 및 퓨즈·릴레이박스 커버를 참고하여 이상부위의 명칭을 작성합니다.
- 필요시 이상부위의 위치(앞, 뒤, 좌, 우 등)를 구체적으로 작성합니다.
- 퓨즈의 경우 어디에 들어가는 퓨즈인지 몇 A 퓨즈인지 구체적으로 작성합니다.

참 고

[일반적인 회로 불량 시 정비 및 조치사항]

이상부위	내용 및 상태	정비 및 조치사항
퓨 즈	없 음	규정용량 퓨즈 장착 후 재점검
	단 선	규정용량 퓨즈로 교환 후 재점검
	규정용량 아님	규정용량 퓨즈로 교환 후 재점검
전 구	없 음	규정용량 전구 장착 후 재점검
	단 선	규정용량 전구로 교환 후 재점검
	커넥터 탈거	커넥터 결합 후 재점검
릴레이	없 음	릴레이 장착 후 재점검
	단 선	릴레이 교환 후 재점검
스위치, 모터 등 기타 단품	커넥터 탈거	커넥터 결합 후 재점검

시험안 2, 4, 6, 8, 9, 12, 14

경음기 음량 점검

※ 본 문제는 검사항목으로서 시험위원이 기준값을 제시하지 않습니다.

> 주어진 자동차에서 경음기 음량을 측정하여 기록·판정하시오.

답안지작성법

〈제작연도가 1999년인 경자동차의 경우〉

1. 양호

① 경음기 음량이 기준값 범위 이내인 경우

측정 항목	① 측정(또는 점검)		② 판정 및 정비(또는 조치)사항		득 점
	측정값	기준값	판 정 (□에 "V"표)	정비 및 조치사항	
경음기 음량	**111.7dB**	**90dB 이상 115dB 이하**	☑ 양 호 ☐ 불 량	**정비 및 조치사항 없음**	

2. 불량

① 경음기 음량이 기준값 범위 미만인 경우(90dB 미만)

측정 항목	① 측정(또는 점검)		② 판정 및 정비(또는 조치)사항		득 점
	측정값	기준값	판 정 (□에 "V"표)	정비 및 조치사항	
경음기 음량	**88.2dB**	**90dB 이상 115dB 이하**	☐ 양 호 ☑ 불 량	**경음기 교환 후 재점검**	

② 경음기 음량이 기준값 범위 초과인 경우(115dB 초과)

측정 항목	① 측정(또는 점검)		② 판정 및 정비(또는 조치)사항		득 점
	측정값	기준값	판 정 (□에 "V"표)	정비 및 조치사항	
경음기 음량	**120.6dB**	**90dB 이상 115dB 이하**	☐ 양 호 ☑ 불 량	**경음기 교환 후 재점검**	

〈제작연도가 2018년인 중형 승용자동차의 경우〉

1. **양호**

경음기 음량이 기준값 범위 이내인 경우

측정 항목	① 측정(또는 점검)		② 판정 및 정비(또는 조치)사항		득 점
	측정값	기준값	판 정 (□에 “v”표)	정비 및 조치사항	
경음기 음량	**97.2dB**	**90dB 이상 110dB 이하**	☑ 양 호 □ 불 량	**정비 및 조치사항 없음**	

2. **불량**

① 경음기 음량이 기준값 범위 미만인 경우(90dB 미만)

측정 항목	① 측정(또는 점검)		② 판정 및 정비(또는 조치)사항		득 점
	측정값	기준값	판 정 (□에 “v”표)	정비 및 조치사항	
경음기 음량	**85.2dB**	**90dB 이상 110dB 이하**	□ 양 호 ☑ 불 량	**경음기 교환 후 재점검**	

② 경음기 음량이 기준값 범위 초과인 경우(110dB 초과)

측정 항목	① 측정(또는 점검)		② 판정 및 정비(또는 조치)사항		득 점
	측정값	기준값	판 정 (□에 “v”표)	정비 및 조치사항	
경음기 음량	**124.1dB**	**90dB 이상 110dB 이하**	□ 양 호 ☑ 불 량	**경음기 교환 후 재점검**	

TIP

- 시험위원이 암소음 처리에 대해 별도로 언급이 없을 경우 : 측정값(dB)=전체소음-암소음
- 시험위원이 ‘암소음 무시’라는 조건을 제시했을 경우 : 측정값(dB)=전체소음
- 측정값, 기준값 작성 시 단위를 빠뜨리지 않고 작성합니다(예 90dB).
- 자동차 등록증에서 차대번호 10번째 자리(제작연도)를 판독하여 연식과 기준값을 작성합니다(‘최초등록일’, ‘형식 및 연식’에 표기된 연도는 무시).

참 고

'경음기 음량 허용기준', '자동차 제작연도 표기'는 암기하세요.

[경음기 음량 허용기준]

차 종	제작연도	허용기준
경자동차 승용자동차(소형·중형) 화물자동차(소형·중형)	2000년 이전 (1999년 12월 31일까지)	90dB 이상 115dB 이하
	2000년 이후 (2000년 1월 1일부터)	90dB 이상 110dB 이하

[자동차 등록증 예시]

자동차 등록증

제 2019-0720 호 최초등록일 : 2019년 06월 30일

① 자동차 등록번호		90고0630	② 차 종	중형 승용	③ 용 도	자가용
④ 차 명		어코드	⑤ 형식 및 연식	FD-17GS-B5		2018
⑥ 차대번호		KMHDC51DBJU197413	⑦ 원동기 형식	G6FC		
⑧ 사용본거지						
소유자	⑨ 성명(명칭)	이고은	⑩ 주민(사업자) 등록번호	******-*******		
	⑪ 주 소	인천광역시 부평구				

자동차관리법 제8조 규정에 의하여 위와 같이 등록하였음을 증명합니다.

2019 년 06 월 30 일

인천광역시장

[자동차 제작연도 표기(자동차 등록증에서 차대번호 10번째 자리는 제작연도를 의미)]

10번째 자리	M	N	P	R	S	T	V	W	X	Y
제작연도	1991년	1992년	1993년	1994년	1995년	1996년	1997년	1998년	1999년	2000년
10번째 자리	1	2	3	4	5	6	7	8	9	A
제작연도	2001년	2002년	2003년	2004년	2005년	2006년	2007년	2008년	2009년	2010년
10번째 자리	B	C	D	E	F	G	H	J	K	L
제작연도	2011년	2012년	2013년	2014년	2015년	2016년	2017년	2018년	2019년	2020년

시험안 1, 3, 5, 7, 10, 11 13, 15

전조등 점검

※ 본 문제는 검사항목으로서 시험위원이 기준값을 제시하지 않습니다.

주어진 자동차에서 좌 또는 우측의 전조등을 측정하고 기록·판정하시오.

답안지작성법

〈투영식(또는 스크린식) 전조등 시험기로 2등식 전조등을 측정하는 경우〉

1. 양호

① 2등식 전조등에서 좌측 전조등 광도가 기준값 범위인 경우

① 측정(또는 점검)				② 판정 및 정비(또는 조치)사항		득 점
구분	측정항목	측정값	기준값	판정 (□에 "v"표)	정비 및 조치사항	
(□에 "v"표) ☑ 좌□ 우 등식 : ☑ 2등식 □ 4등식	광 도	15,000cd	15,000cd 이상	☑ 양 호 □ 불 량	정비 및 조치사항 없음	

② 2등식 전조등에서 우측 전조등 광도가 기준값 범위인 경우

① 측정(또는 점검)				② 판정 및 정비(또는 조치)사항		득 점
구분	측정항목	측정값	기준값	판정 (□에 "v"표)	정비 및 조치사항	
(□에 "v"표) □ 좌 ☑ 우 등식 : ☑ 2등식 □ 4등식	광 도	18,000cd	15,000cd 이상	☑ 양 호 □ 불 량	정비 및 조치사항 없음	

2. 불량

① 2등식 전조등에서 좌측 전조등 광도가 기준값 범위 미만인 경우(15,000cd 미만)

① 측정(또는 점검)				② 판정 및 정비(또는 조치)사항		득 점
구분	측정항목	측정값	기준값	판정 (□에 "V"표)	정비 및 조치사항	
(□에 "V"표) ☑ 좌 □ 우 등식 : ☑ 2등식 □ 4등식	광 도	12,000cd	15,000cd 이상	□ 양 호 ☑ 불 량	**전조등 전구 교환 후 재점검(세미 실드빔 타입) 또는 전조등 교환 후 재점검(실드빔 타입)**	

② 2등식 전조등에서 우측 전조등 광도가 기준값 범위 미만인 경우(15,000cd 미만)

① 측정(또는 점검)				② 판정 및 정비(또는 조치)사항		득 점
구분	측정항목	측정값	기준값	판정 (□에 "V"표)	정비 및 조치사항	
(□에 "V"표) □ 좌 ☑ 우 등식 : ☑ 2등식 □ 4등식	광 도	9,000cd	15,000cd 이상	□ 양 호 ☑ 불 량	**전조등 전구 교환 후 재점검(세미 실드빔 타입) 또는 전조등 교환 후 재점검(실드빔 타입)**	

〈투영식(또는 스크린식) 전조등 시험기로 4등식 전조등을 측정하는 경우〉

1. 양호

① 4등식 전조등에서 좌측 전조등 광도가 기준값 범위인 경우

① 측정(또는 점검)				② 판정 및 정비(또는 조치)사항		득 점
구분	측정항목	측정값	기준값	판정 (□에 "V"표)	정비 및 조치사항	
(□에 "V"표) ☑ 좌 □ 우 등식 : □ 2등식 ☑ 4등식	광 도	17,000cd	12,000cd 이상	☑ 양 호 □ 불 량	**정비 및 조치사항 없음**	

② 4등식 전조등에서 우측 전조등 광도가 기준값 범위인 경우

① 측정(또는 점검)				② 판정 및 정비(또는 조치)사항		득 점
구 분	측정항목	측정값	기준값	판정 (□에 "v"표)	정비 및 조치사항	
(□에 "v"표) □ 좌 ☑ 우 등식 : □ 2등식 ☑ 4등식	광 도	12,000cd	12,000cd 이상	☑ 양 호 □ 불 량	**정비 및 조치사항 없음**	

2. 불량

① 4등식 전조등에서 좌측 전조등 광도가 기준값 범위 미만인 경우(12,000cd 미만)

① 측정(또는 점검)				② 판정 및 정비(또는 조치)사항		득 점
구 분	측정항목	측정값	기준값	판정 (□에 "v"표)	정비 및 조치사항	
(□에 "v"표) ☑ 좌 □ 우 등식 : □ 2등식 ☑ 4등식	광 도	5,000cd	12,000cd 이상	□ 양 호 ☑ 불 량	**전조등 전구 교환 후 재점검(세미 실드빔 타입) 또는 전조등 교환 후 재점검(실드빔 타입)**	

② 4등식 전조등에서 우측 전조등 광도가 기준값 범위 미만인 경우(12,000cd 미만)

① 측정(또는 점검)				② 판정 및 정비(또는 조치)사항		득 점
구 분	측정항목	측정값	기준값	판정 (□에 "v"표)	정비 및 조치사항	
(□에 "v"표) □ 좌 ☑ 우 등식 : □ 2등식 ☑ 4등식	광 도	8,000cd	12,000cd 이상	□ 양 호 ☑ 불 량	**전조등 전구 교환 후 재점검(세미 실드빔 타입) 또는 전조등 교환 후 재점검(실드빔 타입)**	

TIP

- 전조등 상향빔을 작동시킵니다.
- 운전석이 좌측, 조수석이 우측입니다.
- 기준값 작성 시 단위를 빠뜨리지 않고 작성합니다(예 8,000cd).

참 고

- 일반적으로 시험위원이 제시하는 측정조건에 따라 측정합니다.
- 만약, 별도로 측정조건에 대해 언급이 없다면 자동차를 시험기와 직각으로 마주보게 하여 투영식(또는 스크린식) 시험기와 전조등 사이 거리를 3m(집광식 시험기의 경우 1m 간격)로 유지시킵니다. 그리고 1인이 승차하여 엔진 시동 후 전조등 상향빔을 작동시켜 엔진 회전수를 약 2,000rpm으로 높인 상태에서 광도를 측정합니다.
- 일반적으로 시험 시 투영식(또는 스크린식) 전조등 시험기 및 세미 실드빔 타입(전구만 교체가능) 자동차로 많이 출제하고 엔진 시동 후 전조등 상향빔을 작동시켜 공회전 상태에서 광도를 측정하게 합니다.
- '전조등 광도 허용기준'은 암기하세요.

[전조등 광도 허용기준]

전조등 형식	기준값
2등식	15,000cd 이상
4등식	12,000cd 이상

자동차정비산업기사

자동차정비산업기사 과제안별 요약

※ 일부내용이 변경될 수 있음

			1	2	3	4	5	6	7
엔진	1	측정 · 점검 (답안지)	크랭크축 메인저널 오일간극	캠축 휨	크랭크축 축 방향 유격	피스톤 링 엔드 갭	오일펌프 사이드간극	캠 양정	실린더 헤드 변형도
	2	탈거 · 부착/ 점검 · 시동	전자제어 엔진 부품 탈거·조립, 시동						
	3	측정 · 기록 (답안지)	가솔린 배기가스	인젝터 분사시간, 서지전압	가솔린 배기가스	인젝터 분사시간, 서지전압	가솔린 배기가스	연료압력	가솔린 배기가스
	4	파형분석 (답안지)	맵 센서(급가속시) 파형	맵 센서(급가속시) 파형	산소센서(공회전 시) 파형	스텝모터(또는 ISA) 파형(공회전 시)	점화1차(공회전 시) 파형	점화1차(공회전 시) 파형	흡입 공기유량센서 (공회전 시) 파형
	5	탈거 · 부착/ 점검(측정) · 기록(답안지)	인젝터/ 전자제어 디젤엔진 연료압력(고압)	연료압력센서/ 디젤 매연(광투과식)	연료압력조절밸브/ 전자제어 디젤엔진 연료압력(고압)	연료압력센서/ 디젤 매연(광투과식)	연료압력센서/ 전자제어 디젤엔진 인젝터 리턴(백리크)량	연료압력조절밸브/ 디젤 매연(광투과식)	연료압력조절밸브/ 전자제어 디젤엔진 인젝터 리턴(백리크)량
섀시	1	탈거 · 부착/ 작동확인	전륜 현가장치 쇽업소버	후륜 현가장치 쇽업소버	전륜 현가장치 코일스프링	전륜 드라이브 액슬축, 액슬축 부트	클러치 마스터 실린더	변속조절 솔레노이드 밸브, 오일펌프 · 필터/변속레버	클러치 어셈블리/ 클러치 디스크 장착
	2	측정/조정 (답안지)	종감속장치 링기어 백래시, 런 아웃/백래시	최소회전반경/ 타이로드 엔드 탈부착·조정	캠버, 토(toe)/ 타이로드 엔드 탈부착·조정	셋백, 토(toe)/ 타이로드 엔드 탈부착·조정	캐스터, 토(toe)/ 타이로드 엔드 탈부착·조정	클러치 페달 자유간극, 페달높이	최소회전반경/ 타이로드 엔드 탈부착·조정
	3	탈거 · 부착/ 작동확인	ABS 브레이크 패드/ 브레이크	ABS 브레이크 패드/ 브레이크	브레이크 휠 실린더 (또는 캘리퍼)/브레이크	브레이크 라이닝 슈/ 브레이크	브레이크 휠 실린더/ 허브 베어링	전륜 브레이크 캘리퍼	브레이크 마스터 실린더
	4	검사항목 (답안지)	전(앞) 또는 후(뒤) 제동력						
	5	점검 · 기록 (답안지)	자동변속기 시스템	ABS 시스템	자동변속기 시스템	ABS 시스템	자동변속기 시스템	ABS 시스템	자동변속기 시스템
전기	1	탈거 · 부착/ 점검 · 기록	시동모터/ 크랭킹 전압강하, 소모전류	발전기/발전기 발전전압, 발전전류	시동모터/ 크랭킹 전압강하, 소모전류	발전기 분해/발전기 정류 다이오드, 로터코일	에어컨 벨트, 블로워 모터/에어컨 압력	시동모터/시동모터 전기자 코일, 솔레노이드(풀인, 홀드인)	발전기 분해/발전기 정류 다이오드, 브러시
	2	검사항목 (답안지)	전조등 광도, 광축						
	3	파형분석 (답안지)	ETACS 감광식 룸램프	센트럴 도어 록킹 스위치 작동신호	에어컨 외기온도 입력 신호값	ETACS 열선 스위치 입력신호	와이퍼 간헐 스위치 신호	ETACS 점화 키 홀 조명 출력신호	에어컨 이베퍼레이터 온도센서 출력값
	4	회로점검	와이퍼 회로	에어컨 회로	전조등 회로	파워 윈도 회로	미등 · 제동등 회로	경음기 회로	방향지시등 회로

			8	9	10	11	12	13	14
엔진	1	측정·점검 (답안지)	실린더 마모량	크랭크축 메인저널 마모량	크랭크축 축 방향 유격	크랭크축 핀 저널 오일간극	크랭크축 메인저널 오일간극	크랭크축 축 방향 유격	캠축 휨
	2	탈거·부착/ 점검·시동	전자제어 엔진 부품 탈거·조립, 시동						
	3	측정·기록 (답안지)	PCSV(퍼지 컨트롤 솔레노이드 밸브)	가솔린 배기가스	연료압력	인젝터 분사시간, 서지전압	가솔린 배기가스	인젝터 분사시간, 서지전압	가솔린 배기가스
	4	파형분석 (답안지)	점화1차(공회전 시) 파형	스텝모터(또는 ISA) 파형(공회전 시)	TDC 센서(또는 캠각 센서) 파형(공회전 시)	디젤 인젝터(공회전 시) 파형	점화1차(공회전 시) 파형	맵 센서(급가속시) 파형	산소센서(공회전 시) 파형
	5	탈거·부착/ 점검(측정)·기록(답안지)	인젝터/ 디젤 매연(광투과식)	연료압력센서/ 전자제어 디젤엔진 공전속도	인젝터/ 디젤 매연(광투과식)	인젝터/ 디젤 매연(광투과식)	고압펌프·공기빼기/ 전자제어 디젤엔진 연료압력(고압)	연료압력센서/ 디젤 매연(광투과식)	연료압력조절밸브/ 전자제어 디젤엔진 연료압력(고압)
섀시	1	탈거·부착/ 작동확인	파워스티어링 오일펌프·벨트/에어빼기	파워스티어링 오일펌프·벨트/에어빼기	전륜 허브·너클	종감속기어장치 사이드심·스페이서/백래시, 접촉면	후륜 현가장치 쇽업소버	전륜 현가장치 코일스프링	전륜 드라이브 액슬축, 액슬축 부트
	2	측정·조정 (답안지)	종감속장치 링기어 백래시, 런 아웃/백래시	종감속장치 링기어 백래시, 런 아웃/백래시	캠버, 토(toe)/ 타이로드 엔드 탈부착·조정	셋백, 토(toe)/ 타이로드 엔드 탈부착·조정	캐스터, 토(toe)/ 타이로드 엔드 탈부착·조정	클러치 페달 자유간극, 페달높이	최소회전반경/ 타이로드 엔드 탈부착·조정
	3	탈거·부착/ 작동확인	후륜 주차브레이크 레버, 브레이크 슈	전륜 브레이크 캘리퍼	후륜 브레이크 휠 실린더	전륜 브레이크 캘리퍼	ABS 브레이크 패드/ 브레이크	브레이크 휠 실린더 (또는 캘리퍼)/브레이크	브레이크 라이닝 슈/ 브레이크
	4	검사항목 (답안지)	전(앞) 또는 후(뒤) 제동력						
	5	점검·기록 (답안지)	ABS 시스템	자동변속기 시스템	ABS 시스템	자동변속기 시스템	ABS 시스템	자동변속기 시스템	ABS 시스템
전기	1	탈거·부착/ 점검·기록	와이퍼 모터/ 와이퍼 모터 소모전류	다기능 스위치/ 경음기 음량	파워 윈도 레귤레이터/ 윈도 모터 전류소모	에어컨 벨트, 블로워 모터/에어컨 압력	시동모터/ 크랭킹 전압강하, 소모전류	발전기 분해/발전기 정류 다이오드, 로터코일	시동모터/ 크랭킹 전압강하, 소모전류
	2	검사항목 (답안지)	전조등 광도, 광축						
	3	파형분석 (답안지)	에어컨 외기온도 입력 신호값	센트럴 도어 록킹 스위치 작동신호	ETACS 전원 전압	와이퍼 간헐 스위치 신호	ETACS 열선 스위치 입력신호	ETACS 열선 스위치 입력신호	와이퍼 간헐 스위치 신호
	4	회로점검	미등·번호등 회로	와이퍼 회로	실내등·도어 오픈 경고등 회로	파워 윈도 회로	전조등 회로	방향지시등 회로	미등·제동등 회로

시험안 1, 12

크랭크축 메인저널 오일간극 측정

주어진 엔진을 기록표의 측정 항목까지 분해하여 기록표의 요구사항을 측정 및 점검하고 본래 상태로 조립하시오.

답안지작성법

1. 양호

① 오일간극이 규정값 범위 이내인 경우(0.03~0.05mm)

측정 항목	① 측정(또는 점검)		② 판정 및 정비(또는 조치)사항		득 점
	측정값	규정(정비한계)값	판 정 (□에 "v"표)	정비 및 조치사항	
크랭크축 메인저널 오일간극	0.038mm	0.03~0.05mm (0.07mm)	☑ 양 호 ☐ 불 량	**정비 및 조치사항 없음**	

② 오일간극이 규정값 범위 초과 한계값 이하인 경우(0.05mm 초과 0.07mm 이하)

측정 항목	① 측정(또는 점검)		② 판정 및 정비(또는 조치)사항		득 점
	측정값	규정(정비한계)값	판 정 (□에 "v"표)	정비 및 조치사항	
크랭크축 메인저널 오일간극	0.051mm	0.03~0.05mm (0.07mm)	☑ 양 호 ☐ 불 량	**정비 및 조치사항 없음**	

2. 불 량

오일간극이 한계값 초과인 경우(0.07mm 초과)

측정 항목	① 측정(또는 점검)		② 판정 및 정비(또는 조치)사항		득 점
	측정값	규정(정비한계)값	판 정 (□에 "v"표)	정비 및 조치사항	
크랭크축 메인저널 오일간극	0.076mm	0.03~0.05mm (0.07mm)	☐ 양 호 ☑ 불 량	**크랭크축 메인저널 진원 절삭 및 언더사이즈(U/S)로 수정 후 언더사이즈(U/S) 베어링으로 교환하여 재점검**	

TIP

- 크랭크축 메인저널 오일간극 점검은 주로 플라스틱 게이지를 이용하여 측정합니다. 이때 측정값은 게이지에 적힌 4개의 값들 중에서 작성해야 합니다.
- 크랭크축 저널 마모량과 크랭크축 저널 오일간극을 혼동하지 마세요.
  * 크랭크축 저널 마모량=크랭크축 저널 외경 기준값-크랭크축 저널 외경 최소 측정값
  * 크랭크축 저널 오일간극=크랭크축 저널 베어링 내경 최소 측정값-크랭크축 저널 외경 최대 측정값
- 크랭크축 메인저널 및 베어링은 사용할수록 마모되므로 오일간극이 점점 커질 수는 있어도 작아질 수는 없습니다. 일반적으로 크랭크축 메인저널 오일간극은 규정값 범위 이상으로 측정됩니다.

참 고

만약, 크랭크축 메인저널 오일간극이 규정값 범위 미만인 경우에는 크랭크축 메인저널 진원 절삭 및 언더사이즈(U/S)로 수정 후 언더사이즈(U/S) 베어링으로 교환하여 재점검으로 작성합니다.

시험안 2, 14

캠축 휨 측정

주어진 엔진을 기록표의 측정 항목까지 분해하여 기록표의 요구사항을 측정 및 점검하고 본래 상태로 조립하시오.

답안지작성법

1. 양호

캠축 휨량이 규정값 범위 이내인 경우

측정 항목	① 측정(또는 점검)		② 판정 및 정비(또는 조치)사항		득 점
	측정값	규정(정비한계)값	판 정 (□에 "V"표)	정비 및 조치사항	
캠축 휨	0.01mm	0.02mm 이내	☑ 양 호 □ 불 량	정비 및 조치사항 없음	

[측정값 산출근거]

- 캠축의 휨량=캠축 1회전 시 다이얼게이지 지침이 움직인 전체값÷2
- 캠축 1회전 시 다이얼게이지 지침이 움직인 전체값 : 0.02mm
- 0.02mm÷2=0.01mm

∴ 측정값 : 0.01mm

2. 불량

캠축 휨량이 규정값 범위 초과인 경우(0.02mm 초과)

측정 항목	① 측정(또는 점검)		② 판정 및 정비(또는 조치)사항		득 점
	측정값	규정(정비한계)값	판 정 (□에 "V"표)	정비 및 조치사항	
캠축 휨	0.03mm	0.02mm 이내	□ 양 호 ☑ 불 량	캠축 교환 후 재점검	

[측정값 산출근거]

- 캠축의 휨량=캠축 1회전 시 다이얼게이지 지침이 움직인 전체값÷2
- 캠축 1회전 시 다이얼게이지 지침이 움직인 전체값 : 0.06mm

• 0.06mm÷2=0.03mm

∴ 측정값 : 0.03mm

TIP

- 축의 휨량은 축 1회전 시 다이얼게이지 지침이 움직인 전체값÷2입니다. 반드시 '÷ 2'를 해야 합니다.
- 축의 휨량 계산 시 소수점 처리는 감독위원이 제시한 조건을 따릅니다. 만약, 소수점 처리에 대한 언급이 없다면 계산한 값을 그대로 작성합니다.

시험안 3, 10, 13

크랭크축 축 방향 유격 측정

주어진 엔진을 기록표의 측정 항목까지 분해하여 기록표의 요구사항을 측정 및 점검하고 본래 상태로 조립하시오.

답안지작성법

1. 양호

① 축방향 유격(앤드 플레이)이 규정값 범위 이내인 경우(0.04~0.17mm)

측정 항목	① 측정(또는 점검)		② 판정 및 정비(또는 조치)사항		득 점
	측정값	규정(정비한계)값	판 정 (□에 "v"표)	정비 및 조치사항	
크랭크축 축방향 유격	0.08mm	0.04~0.17mm (0.25mm)	☑ 양 호 ☐ 불 량	**정비 및 조치사항 없음**	

② 축방향 유격(앤드 플레이)이 규정값 범위 초과 한계값 이하인 경우(0.17mm 초과 0.25mm 이하)

측정 항목	① 측정(또는 점검)		② 판정 및 정비(또는 조치)사항		득 점
	측정값	규정(정비한계)값	판 정 (□에 "v"표)	정비 및 조치사항	
크랭크축 축방향 유격	0.2mm	0.04~0.17mm (0.25mm)	☑ 양 호 ☐ 불 량	**정비 및 조치사항 없음**	

2. 불 량

축방향 유격(앤드 플레이)이 한계값 초과인 경우(0.25mm 초과)

측정 항목	① 측정(또는 점검)		② 판정 및 정비(또는 조치)사항		득 점
	측정값	규정(정비한계)값	판 정 (□에 "v"표)	정비 및 조치사항	
크랭크축 축방향 유격	0.29mm	0.04~0.17mm (0.25mm)	☐ 양 호 ☑ 불 량	**스러스트 베어링 교환 후 재점검**	

TIP

- 크랭크축 축방향 유격(앤드 플레이)은 사용할수록 커질 수는 있어도 작아질 수는 없습니다. 일반적으로 크랭크축 축방향 유격(앤드 플레이)은 규정값 범위 이상으로 측정됩니다.

참 고

만약, 크랭크축 축방향 유격(앤드 플레이)이 규정값 범위 미만인 경우에는 스러스트 베어링 교환 후 재점검으로 작성합니다.

시험안 4

피스톤 링 엔드 갭 측정

주어진 엔진을 기록표의 측정 항목까지 분해하여 기록표의 요구사항을 측정 및 점검하고 본래 상태로 조립하시오.

답안지작성법

1. 양호

① 링 엔드 갭이 규정값 범위 이내인 경우(0.3~0.43mm)

측정 항목	① 측정(또는 점검)		② 판정 및 정비(또는 조치)사항		득 점
	측정값	규정(정비한계)값	판 정 (□에 "V"표)	정비 및 조치사항	
피스톤링 엔드 갭	0.35mm	0.3~0.43mm (0.8mm)	☑ 양 호 □ 불 량	정비 및 조치사항 없음	

② 링 엔드 갭이 규정값 범위 초과 한계값 이하인 경우(0.43mm 초과 0.8mm 이하)

측정 항목	① 측정(또는 점검)		② 판정 및 정비(또는 조치)사항		득 점
	측정값	규정(정비한계)값	판 정 (□에 "V"표)	정비 및 조치사항	
피스톤링 엔드 갭	0.56mm	0.3~0.43mm (0.8mm)	☑ 양 호 □ 불 량	정비 및 조치사항 없음	

2. 불량

① 링 엔드 갭이 규정값 범위 미만인 경우(0.3mm 미만)

측정 항목	① 측정(또는 점검)		② 판정 및 정비(또는 조치)사항		득 점
	측정값	규정(정비한계)값	판 정 (□에 "V"표)	정비 및 조치사항	
피스톤링 엔드 갭	0.14mm	0.3~0.43mm (0.8mm)	□ 양 호 ☑ 불 량	피스톤 링 교환 후 재점검	

② 링 엔드 갭이 한계값 초과인 경우(0.8mm 초과)

측정 항목	① 측정(또는 점검)		② 판정 및 정비(또는 조치)사항		득 점
	측정값	규정(정비한계)값	판 정 (□에 "V"표)	정비 및 조치사항	
피스톤링 엔드 갭	**0.96mm**	**0.3~0.43mm (0.8mm)**	□ 양 호 ☑ 불 량	**피스톤 링 교환 후 재점검**	

TIP

- 피스톤 헤드를 이용하여 피스톤 링을 실린더 블록 하사점 위치까지 밀어 넣고 측정합니다.
- 피스톤 링은 압축링 2개, 오일링 1개로 구성되어 있습니다.

시험안 5

오일펌프 사이드간극 측정

주어진 엔진을 기록표의 측정 항목까지 분해하여 기록표의 요구사항을 측정 및 점검하고 본래 상태로 조립하시오.

답안지작성법

1. 양호

① 사이드간극이 규정값 범위 이내인 경우(0.03~0.12mm)

측정 항목	① 측정(또는 점검)		② 판정 및 정비(또는 조치)사항		득 점
	측정값	규정(정비한계)값	판 정 (□에 "v"표)	정비 및 조치사항	
오일펌프 사이드간극	0.08mm	0.03~0.12mm (0.14mm)	☑ 양 호 □ 불 량	**정비 및 조치사항 없음**	

② 사이드간극이 규정값 범위 초과 한계값 이하인 경우(0.12mm 초과 0.14mm 이하)

측정 항목	① 측정(또는 점검)		② 판정 및 정비(또는 조치)사항		득 점
	측정값	규정(정비한계)값	판 정 (□에 "v"표)	정비 및 조치사항	
오일펌프 사이드간극	0.125mm	0.03~0.12mm (0.14mm)	☑ 양 호 □ 불 량	**정비 및 조치사항 없음**	

2. 불량

사이드간극이 한계값 초과인 경우(0.14mm 초과)

측정 항목	① 측정(또는 점검)		② 판정 및 정비(또는 조치)사항		득 점
	측정값	규정(정비한계)값	판 정 (□에 "v"표)	정비 및 조치사항	
오일펌프 사이드간극	0.19mm	0.03~0.12mm (0.14mm)	□ 양 호 ☑ 불 량	**오일펌프 교환 후 재점검**	

TIP

- 사이드 간극은 오일펌프 내·외측 로터면 위에 직각자를 설치한 후 그 틈을 필러 게이지(간극 게이지)로 측정합니다.
- 오일펌프 내·외측 로터는 사용할수록 마모되므로 사이드간극은 커질 수는 있어도 작아질 수는 없습니다. 일반적으로 오일펌프 사이드간극은 규정값 범위 이상으로 측정됩니다.

참 고

만약, 오일펌프 사이드간극이 규정값 범위 미만인 경우에는 오일펌프를 이종품으로 사용한 것이므로 오일펌프 교환 후 재점검으로 작성합니다.

시험안 6

캠 양정 측정

주어진 엔진을 기록표의 측정 항목까지 분해하여 기록표의 요구사항을 측정 및 점검하고 본래 상태로 조립하시오.

답안지작성법

1. 양호

캠 양정이 한계값 이상 규정값 이하인 경우(38.40~38.90mm)

측정 항목	① 측정(또는 점검)		② 판정 및 정비(또는 조치)사항		득 점
	측정값	규정(정비한계)값	판 정 (□에 "v"표)	정비 및 조치사항	
캠 양정	**38.79mm**	**38.90mm (38.40mm)**	☑ 양 호 □ 불 량	**정비 및 조치사항 없음**	

2. 불량

캠 높이가 한계값 미만인 경우(38.40mm 미만)

측정 항목	① 측정(또는 점검)		② 판정 및 정비(또는 조치)사항		득 점
	측정값	규정(정비한계)값	판 정 (□에 "v"표)	정비 및 조치사항	
캠 양정	**38.24mm**	**38.90mm (38.40mm)**	□ 양 호 ☑ 불 량	**캠축 교환 후 재점검**	

TIP

- 캠 양정=캠 높이-캠 기초원
- 캠은 사용할수록 마모되므로 캠 양정은 작아질 수는 있어도 커질 수는 없습니다. 일반적으로 캠 양정은 규정값 이하로 측정됩니다.

참 고

만약, 캠 양정이 규정값 초과인 경우에는 캠축을 이종품으로 사용한 것이므로 캠축 교환 후 재점검으로 작성합니다.

시험안 7

실린더 헤드 변형도 측정

주어진 엔진을 기록표의 측정 항목까지 분해하여 기록표의 요구사항을 측정 및 점검하고 본래 상태로 조립하시오.

답안지작성법

1. 양호

① 변형도가 규정값 범위 이내인 경우(0.03mm 이하)

측정 항목	① 측정(또는 점검)		② 판정 및 정비(또는 조치)사항		득 점
	측정값	규정(정비한계)값	판 정 (□에 "V"표)	정비 및 조치사항	
실린더 헤드 변형도	**0.01mm**	**0.03mm 이하 (0.2mm)**	☑ 양 호 □ 불 량	**정비 및 조치사항 없음**	

② 변형도가 규정값 범위 초과하고 한계값 이하인 경우(0.03mm 초과 0.2mm 이하)

측정 항목	① 측정(또는 점검)		② 판정 및 정비(또는 조치)사항		득 점
	측정값	규정(정비한계)값	판 정 (□에 "V"표)	정비 및 조치사항	
실린더 헤드 변형도	**0.08mm**	**0.03mm 이하 (0.2mm)**	☑ 양 호 □ 불 량	**정비 및 조치사항 없음**	

2. 불량

변형도가 한계값 초과인 경우(0.2mm 초과)

측정 항목	① 측정(또는 점검)		② 판정 및 정비(또는 조치)사항		득 점
	측정값	규정(정비한계)값	판 정 (□에 "V"표)	정비 및 조치사항	
실린더 헤드 변형도	**0.23mm**	**0.03mm 이하 (0.2mm)**	□ 양 호 ☑ 불 량	**실린더 헤드 교환 후 재점검**	

TIP

- 실린더 헤드 변형도를 7개소 측정하여 그 중 최대 측정값을 답안지에 작성합니다.

시험안 8

실린더 마모량 측정

주어진 엔진을 기록표의 측정 항목까지 분해하여 기록표의 요구사항을 측정 및 점검하고 본래 상태로 조립하시오.

답안지작성법

실린더 내경 기준값이 70mm 이하인 경우

1. 양호

실린더 마모량이 마모한계값 범위 이내인 경우(0.15mm 이하)

측정 항목	① 측정(또는 점검)		② 판정 및 정비(또는 조치)사항		득 점
	측정값	규정(정비한계)값	판 정 (□에 "∨"표)	정비 및 조치사항	
실린더 마모량	**0.11mm**	**68.5mm (0.15mm 이하)**	☑ 양 호 □ 불 량	**정비 및 조치사항 없음**	

[측정값 산출근거]

- ( )번 실린더 마모량=( )번 실린더 내경 최대측정값-( )번 실린더 내경 기준값
- (1)번 실린더 내경 기준값 : 68.5mm
- (1)번 실린더 내경 최대측정값 : 68.61mm
- 68.61mm−68.5mm=0.11mm

  ∴ 측정값 : 0.11mm

2. 불량

① 실린더 마모량이 마모한계값 범위 초과 오버사이즈 수정한계값(1.25mm) 이하인 경우(0.15mm 초과 1.25mm 이하)

측정 항목	① 측정(또는 점검)		② 판정 및 정비(또는 조치)사항		득 점
	측정값	규정(정비한계)값	판 정 (□에 "∨"표)	정비 및 조치사항	
실린더 마모량	**0.54mm**	**68.5mm (0.15mm 이하)**	□ 양 호 ☑ 불 량	**실린더 블록을 오버사이즈(O/S)로 보링 후 재점검**	

[측정값 산출근거]

- (　)번 실린더 마모량=(　)번 실린더 내경 최대측정값-(　)번 실린더 내경 기준값
- (1)번 실린더 내경 기준값 : 68.5mm
- (1)번 실린더 내경 최대측정값 : 69.04mm
- 69.04mm-68.5mm=0.54mm

∴ 측정값 : 0.54mm

② 실린더 마모량이 오버사이즈 수정한계값(1.25mm) 초과인 경우(1.25mm 초과)

측정 항목	① 측정(또는 점검)		② 판정 및 정비(또는 조치)사항		득 점
	측정값	규정(정비한계)값	판 정 (□에 "v"표)	정비 및 조치사항	
실린더 마모량	**1.51mm**	**68.5mm (0.15mm 이하)**	□ 양 호 ☑ 불 량	**실린더 블록 교환 후 재점검**	

[측정값 산출근거]

- (　)번 실린더 마모량=(　)번 실린더 내경 최대 측정값-(　)번 실린더 내경 기준값
- (1)번 실린더 내경 기준값 : 68.5mm
- (1)번 실린더 내경 최대 측정값 : 70.01mm
- 70.01mm-68.5mm=1.51mm

∴ 측정값 : 1.51mm

실린더 내경 기준값이 70mm 이상인 경우

1. 양호

실린더 마모량이 마모한계값 범위 이내인 경우(0.20mm 이하)

측정 항목	① 측정(또는 점검)		② 판정 및 정비(또는 조치)사항		득 점
	측정값	규정(정비한계)값	판 정 (□에 "v"표)	정비 및 조치사항	
실린더 마모량	**0.15mm**	**75mm (0.20mm 이하)**	☑ 양 호 □ 불 량	**정비 및 조치사항 없음**	

[측정값 산출근거]

- (　)번 실린더 마모량=(　)번 실린더 내경 최대 측정값-(　)번 실린더 내경 기준값
- (1)번 실린더 내경 기준값 : 75mm
- (1)번 실린더 내경 최대 측정값 : 75.15mm
- 75.15mm-75mm=0.15mm

∴ 측정값 : 0.15mm

2. 불량

① 실린더 마모량이 마모한계값 범위 초과 오버사이즈 수정한계값(1.50mm) 이하인 경우(0.20mm 초과 1.50mm 이하)

측정 항목	① 측정(또는 점검)		② 판정 및 정비(또는 조치)사항		득 점
	측정값	규정(정비한계)값	판 정 (□에 "v"표)	정비 및 조치사항	
실린더 마모량	**0.47mm**	**75mm (0.20mm 이하)**	□ 양 호 ☑ 불 량	**실린더 블록을 오버사이즈(O/S)로 보링 후 재점검**	

[측정값 산출근거]

- (   )번 실린더 마모량=(   )번 실린더 내경 최대 측정값−(   )번 실린더 내경 기준값
- (1)번 실린더 내경 기준값 : 75mm
- (1)번 실린더 내경 최대 측정값 : 75.47mm
- 75.47mm−75mm=0.47mm

  ∴ 측정값 : 0.47mm

② 실린더 마모량이 오버사이즈 수정한계값(1.50mm) 초과인 경우(1.50mm 초과)

측정 항목	① 측정(또는 점검)		② 판정 및 정비(또는 조치)사항		득 점
	측정값	규정(정비한계)값	판 정 (□에 "v"표)	정비 및 조치사항	
실린더 마모량	**1.52mm**	**75mm (0.20mm 이하)**	□ 양 호 ☑ 불 량	**실린더 블록 교환 후 재점검**	

[측정값 산출근거]

- (   )번 실린더 마모량=(   )번 실린더 내경 최대 측정값−(   )번 실린더 내경 기준값
- (1)번 실린더 내경 기준값 : 75mm
- (1)번 실린더 내경 최대 측정값 : 76.52mm
- 76.52mm−75mm=1.52mm

  ∴ 측정값 : 1.52mm

TIP

실린더 내경 기준값에 따른 마모한계값과 오버사이즈 수정한계값은 암기하세요.

참 고

실린더 내경 기준값	마모한계값	오버사이즈(O/S) 수정한계값
70mm 이하	0.15mm	1.25mm
70mm 이상	0.20mm	1.50mm

시험안 9

크랭크축 메인저널 마모량 측정

주어진 엔진을 기록표의 측정 항목까지 분해하여 기록표의 요구사항을 측정 및 점검하고 본래 상태로 조립하시오.

답안지작성법

크랭크축 메인저널 지름 기준값이 50mm 이하인 경우

1. 양호

① 메인저널 마모량이 마모한계값 범위 이내인 경우(0.15mm 이하)

측정 항목	① 측정(또는 점검)		② 판정 및 정비(또는 조치)사항		득 점
	측정값	규정(정비한계)값	판 정 (□에 "V"표)	정비 및 조치사항	
메인저널 마모량	**0.12mm**	**46.5mm (0.15mm 이하)**	☑ 양 호 □ 불 량	**정비 및 조치사항 없음**	

[측정값 산출근거]

- (　)번 메인저널 마모량=(　)번 메인저널 외경 기준값-(　)번 메인저널 외경 최소 측정값
- (1)번 크랭크축 메인저널 외경 기준값 : 46.5mm
- (1)번 크랭크축 메인저널 외경 최소 측정값 : 46.38mm
- 46.5mm−46.38mm=0.12mm

∴ 측정값 : 0.12mm

2. 불량

① 메인저널 마모량이 마모한계값 범위 초과 언더사이즈 수정한계값(1.00mm) 이하인 경우 (0.15mm 초과 1.00mm 이하)

측정 항목	① 측정(또는 점검)		② 판정 및 정비(또는 조치)사항		득 점
	측정값	규정(정비한계)값	판 정 (□에 "V"표)	정비 및 조치사항	
메인저널 마모량	**0.63mm**	**46.5mm (0.15mm 이하)**	□ 양 호 ☑ 불 량	**크랭크축 메인저널 진원 절삭 및 언더사이즈(U/S)로 수정 후 재점검**	

[측정값 산출근거]
- ( )번 메인저널 마모량=( )번 메인저널 외경 기준값-( )번 메인저널 외경 최소 측정값
- (1)번 크랭크축 메인저널 외경 기준값 : 46.5mm
- (1)번 크랭크축 메인저널 외경 최소 측정값 : 45.87mm
- 46.5mm-45.87mm=0.63mm

∴ 측정값 : 0.63mm

② 메인저널 마모량이 언더사이즈 수정한계값(1.00mm) 초과인 경우(1.00mm 초과)

측정 항목	① 측정(또는 점검)		② 판정 및 정비(또는 조치)사항		득 점
	측정값	규정(정비한계)값	판 정 (□에 "v"표)	정비 및 조치사항	
메인저널 마모량	**1.21mm**	**46.5mm (0.15mm 이하)**	□ 양 호 ☑ 불 량	**크랭크축 교환 후 재점검**	

[측정값 산출근거]
- ( )번 메인저널 마모량=( )번 메인저널 외경 기준값-( )번 메인저널 외경 최소 측정값
- (1)번 크랭크축 메인저널 외경 기준값 : 46.5mm
- (1)번 크랭크축 메인저널 외경 최소 측정값 : 45.29mm
- 46.5mm-45.29mm=1.21mm

∴ 측정값 : 1.21mm

크랭크축 메인저널 지름 기준값이 50mm 이상인 경우

1. 양호

① 메인저널 마모량이 마모한계값 범위 이내인 경우(0.20mm 이하)

측정 항목	① 측정(또는 점검)		② 판정 및 정비(또는 조치)사항		득 점
	측정값	규정(정비한계)값	판 정 (□에 "v"표)	정비 및 조치사항	
메인저널 마모량	**0.18mm**	**58.0mm (0.20mm 이하)**	☑ 양 호 □ 불 량	**정비 및 조치사항 없음**	

[측정값 산출근거]
- ( )번 메인저널 마모량=( )번 메인저널 외경 기준값-( )번 메인저널 외경 최소 측정값
- (1)번 크랭크축 메인저널 외경 기준값 : 58.0mm
- (1)번 크랭크축 메인저널 외경 최소 측정값 : 57.82mm
- 58.0mm-57.82mm=0.18mm

∴ 측정값 : 0.18mm

2. 불량

① 메인저널 마모량이 마모한계값 범위 초과 언더사이즈 수정한계값(1.50mm) 이하인 경우 (0.20mm 초과 1.50mm 이하)

측정 항목	① 측정(또는 점검)		② 판정 및 정비(또는 조치)사항		득 점
	측정값	규정(정비한계)값	판 정 (□에 "v"표)	정비 및 조치사항	
메인저널 마모량	**0.24mm**	**58.0mm (0.20mm 이하)**	□ 양 호 ☑ 불 량	**크랭크축 메인저널 진원 절삭 및 언더사이즈(U/S)로 수정 후 재점검**	

[측정값 산출근거]

- (　)번 메인저널 마모량=(　)번 메인저널 외경 기준값-(　)번 메인저널 외경 최소 측정값
- (1)번 크랭크축 메인저널 외경 기준값 : 58.0mm
- (1)번 크랭크축 메인저널 외경 최소 측정값 : 57.76mm
- 58.0mm-57.76mm=0.24mm

∴ 측정값 : 0.24mm

② 메인저널 마모량이 언더사이즈 수정한계값(1.50mm) 초과인 경우(1.50mm 초과)

측정 항목	① 측정(또는 점검)		② 판정 및 정비(또는 조치)사항		득 점
	측정값	규정(정비한계)값	판 정 (□에 "v"표)	정비 및 조치사항	
메인저널 마모량	**1.68mm**	**58.0mm (0.20mm 이하)**	□ 양 호 ☑ 불 량	**크랭크축 교환 후 재점검**	

[측정값 산출근거]

- (　)번 메인저널 마모량=(　)번 메인저널 외경 기준값-(　)번 메인저널 외경 최소 측정값
- (1)번 크랭크축 메인저널 외경 기준값 : 58.0mm
- (1)번 크랭크축 메인저널 외경 최소 측정값 : 56.32mm
- 58.0mm-56.32mm=1.68mm

∴ 측정값 : 1.68mm

TIP

- 크랭크축 저널 마모량과 크랭크축 저널 오일간극을 혼동하지 마세요.
  * 크랭크축 저널 마모량=크랭크축 저널 외경 기준값-크랭크축 저널 외경 최소 측정값
  * 크랭크축 저널 오일간극=크랭크축 저널 베어링 내경 최소 측정값-크랭크축 저널 외경 최대 측정값
- 크랭크축 메인저널 지름 기준값에 따른 마모한계값과 언더사이즈 수정한계값은 암기하세요.

참 고

크랭크축 메인저널 지름 기준값	마모한계값	언더사이즈(U/S) 수정한계값
50mm 이하	0.15mm	1.00mm
50mm 이상	0.20mm	1.50mm

MEMO

시험안 11

크랭크축 핀 저널 오일간극 측정

주어진 엔진을 기록표의 측정 항목까지 분해하여 기록표의 요구사항을 측정 및 점검하고 본래 상태로 조립하시오.

답안지작성법

1. 양호

① 오일간극이 규정값 범위 이내인 경우(0.03~0.05mm)

<table>
<tr><th rowspan="2">측정 항목</th><th colspan="2">① 측정(또는 점검)</th><th colspan="2">② 판정 및 정비(또는 조치)사항</th><th rowspan="2">득 점</th></tr>
<tr><th>측정값</th><th>규정(정비한계)값</th><th>판 정
(□에 "v"표)</th><th>정비 및 조치사항</th></tr>
<tr><td>크랭크축
핀 저널
오일간극</td><td>0.038mm</td><td>0.03~0.05mm
(0.07mm)</td><td>☑ 양 호
□ 불 량</td><td>정비 및 조치사항 없음</td><td></td></tr>
</table>

② 오일간극이 규정값 범위 초과 한계값 이하인 경우(0.05mm 초과 0.07mm 이하)

<table>
<tr><th rowspan="2">측정 항목</th><th colspan="2">① 측정(또는 점검)</th><th colspan="2">② 판정 및 정비(또는 조치)사항</th><th rowspan="2">득 점</th></tr>
<tr><th>측정값</th><th>규정(정비한계)값</th><th>판 정
(□에 "v"표)</th><th>정비 및 조치사항</th></tr>
<tr><td>크랭크축
핀 저널
오일간극</td><td>0.051mm</td><td>0.03~0.05mm
(0.07mm)</td><td>☑ 양 호
□ 불 량</td><td>정비 및 조치사항 없음</td><td></td></tr>
</table>

2. 불량

오일간극이 한계값 초과인 경우(0.07mm 초과)

<table>
<tr><th rowspan="2">측정 항목</th><th colspan="2">① 측정(또는 점검)</th><th colspan="2">② 판정 및 정비(또는 조치)사항</th><th rowspan="2">득 점</th></tr>
<tr><th>측정값</th><th>규정(정비한계)값</th><th>판 정
(□에 "v"표)</th><th>정비 및 조치사항</th></tr>
<tr><td>크랭크축
핀 저널
오일간극</td><td>0.076mm</td><td>0.03~0.05mm
(0.07mm)</td><td>□ 양 호
☑ 불 량</td><td>크랭크축 핀 저널 진원 절삭 및 언더사이즈(U/S)로 수정 후 언더사이즈(U/S) 베어링으로 교환하여 재점검</td><td></td></tr>
</table>

TIP

- 크랭크축 핀 저널 오일간극 점검은 주로 플라스틱 게이지를 이용하여 측정합니다. 이때 측정값은 게이지에 적힌 4개의 값들 중에서 작성해야 합니다.
- 크랭크축 저널 마모량과 크랭크축 저널 오일간극을 혼동하지 마세요.
  * 크랭크축 저널 마모량=크랭크축 저널 외경 기준값-크랭크축 저널 외경 최소 측정값
  * 크랭크축 저널 오일간극=크랭크축 저널 베어링 내경 최소 측정값-크랭크축 저널 외경 최대 측정값
- 크랭크축 핀 저널 및 베어링은 사용할수록 마모되므로 오일간극이 점점 커질 수는 있어도 작아질 수는 없습니다. 일반적으로 크랭크축 메인저널 오일간극은 규정값 범위 이상으로 측정됩니다.

참 고

만약, 크랭크축 핀 저널 오일간극이 규정값 범위 미만인 경우에는 크랭크축 핀 저널 진원 절삭 및 언더사이즈(U/S)로 수정 후 언더사이즈(U/S) 베어링으로 교환하여 재점검으로 작성합니다.

시험안 1, 3, 5, 7, 9, 12, 14

가솔린 배기가스 측정

※ 본 문제는 검사항목으로서 감독위원이 기준값을 제시하지 않습니다.

> 2항의 시동된 엔진에서 공회전 속도를 확인하고 감독위원의 지시에 따라 배기가스를 측정하여 기록표에 기록하시오(※ 시동이 정상적으로 되지 않는 경우는 작업을 할 수 없다).

답안지작성법

제작연도가 2017년인 중형 승용 가솔린자동차의 경우

1. 양호

CO, HC 둘 다 기준값 범위 이내인 경우

측정 항목	① 측정(또는 점검)		② 판정	득 점
	측정값	기준값	판정 (□에 "v"표)	
CO	**0.3%**	**2.5% 이하**	☑ 양 호 □ 불 량	
HC	**25ppm**	**400ppm 이하**		

2. 불량

① CO, HC 둘 중 하나라도 기준값 범위 초과인 경우(CO : 2.5% 초과 또는 HC : 400ppm 초과)

측정 항목	① 측정(또는 점검)		② 판정	득 점
	측정값	기준값	판정 (□에 "v"표)	
CO	**1.2%**	**2.5% 이하**	□ 양 호 ☑ 불 량	
HC	**548ppm**	**400ppm 이하**		

② CO, HC 둘 다 기준값 범위 초과인 경우(CO : 2.5% 초과 그리고 HC : 400ppm 초과)

측정 항목	① 측정(또는 점검)		② 판정	득 점
	측정값	기준값	판정 (□에 "v"표)	
CO	**4.7%**	**2.5% 이하**	□ 양 호 ☑ 불 량	
HC	**481ppm**	**400ppm 이하**		

TIP

- 가솔린 배기가스는 공회전 상태에서 측정합니다. 디젤 매연 측정(무부하 급가속 상태)과 혼동하지 마세요.
- CO 측정값은 소수점 둘째자리 이하를 버림하여 작성합니다.(예 : 2.8% (○), 2.85% (×))
- CO, HC 둘 중 하나라도 불량이면 판정은 불량입니다.
- 자동차 등록증에서 차대번호 10번째 자리(제작연도)를 판독하여 연식과 기준값을 작성합니다(‘최초등록일’, ‘형식 및 연식’에 표기된 연도는 무시합니다).

참 고

'가솔린자동차 배출가스 허용기준', '자동차 제작연도 표기'는 모두 암기하세요.

[가솔린자동차 배기가스 허용기준]

차 종		제작연도	일산화탄소(CO)	탄화수소(HC)	공기과잉률(λ)
경 자동차		1988년 1월 1일부터 2000년 12월 31일까지	2.5% 이하	400ppm 이하	1±0.1 이내
		2001년 1월 1일부터 2003년 12월 31일까지	1.2% 이하	220ppm 이하	
		2004년 1월 1일 이후	1.0% 이하	150ppm 이하	
승용 자동차		1988년 1월 1일부터 2000년 12월 31일까지	1.2% 이하	• 220ppm 이하(휘발유, 알코올 자동차) • 400ppm 이하(가스 자동차)	
		2001년 1월 1일부터 2005년 12월 31일까지	1.2% 이하	220ppm 이하	
		2006년 1월 1일 이후	1.0% 이하	120 ppm 이하	
승합·화물·특수자동차	소 형	1990년 1월 1일부터 2003년 12월 31일까지	2.5% 이하	400ppm 이하	
		2004년 1월 1일 이후	1.2% 이하	220ppm 이하	
	중형·대형	2003년 12월 31일 이전	4.5% 이하	1200ppm 이하	
		2004년 1월 1일 이후	2.5% 이하	400ppm 이하	

[자동차 등록증 예시]

자동차 등록증

제 2003-0720 호 최초등록일 : 2018년 06월 30일

① 자동차 등록번호	90고0630	② 차 종	중형 승용	③ 용 도	자가용
④ 차 명	어코드	⑤ 형식 및 연식	FD-17GS-B5		2017
⑥ 차대번호	KMHDC51DBHU197413	⑦ 원동기 형식	G6FC		
⑧ 사용본거지					
소유자 ⑨ 성명(명칭)	이고은	⑩ 주민(사업자) 등록번호	******-*******		
소유자 ⑪ 주 소	인천광역시 부평구				

자동차관리법 제8조 규정에 의하여 위와 같이 등록하였음을 증명합니다.

2018 년 06 월 30 일

인천광역시장

[자동차 제작연도 표기(자동차 등록증에서 차대번호 10번째 자리는 제작연도를 의미)]

10번째 자리	M	N	P	R	S	T	V	W	X	Y
제작연도	1991년	1992년	1993년	1994년	1995년	1996년	1997년	1998년	1999년	2000년
10번째 자리	1	2	3	4	5	6	7	8	9	A
제작연도	2001년	2002년	2003년	2004년	2005년	2006년	2007년	2008년	2009년	2010년
10번째 자리	B	C	D	E	F	G	H	J	K	L
제작연도	2011년	2012년	2013년	2014년	2015년	2016년	2017년	2018년	2019년	2020년

시험안 2, 4, 11, 13

인젝터 분사시간 및 서지전압 점검

2항의 시동된 엔진에서 공전속도를 확인하고 감독위원의 지시에 따라 인젝터 파형을 측정 및 분석하여 기록표에 기록하시오(※ 시동이 정상적으로 되지 않는 경우는 작업을 할 수 없다).

답안지작성법

인젝터 파형

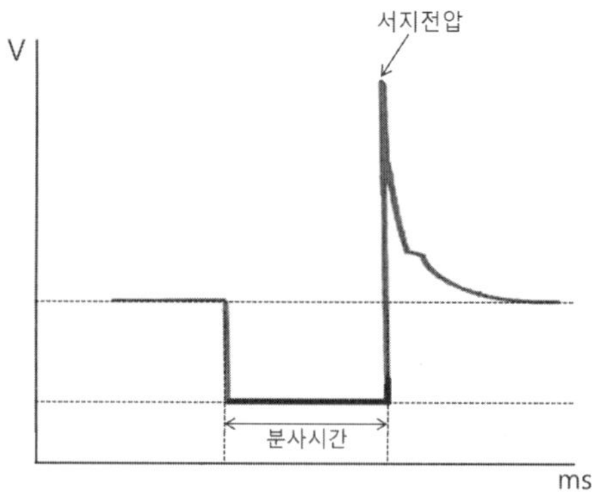

파형의 각 구간 명칭 및 일반적인 정상 범위

- 분사시간 : 약 2.0~3.8ms/공회전 시
- 서지전압 : 약 65~85V/공회전 시

1. 양호

- 인젝터 분사시간과 서지전압이 둘 다 정상 범위(분사시간 : 약 2.0~3.8ms/공회전 시, 서지전압 : 약 65~85V/공회전 시) 이내인 경우

측정 항목	① 측정(또는 점검)		② 판정 및 정비(또는 조치)사항	득 점
	측정값	판 정 (□에 "V"표)	정비 및 조치사항	
분사시간	**2.54ms**	☑ 양 호 □ 불 량	**정비 및 조치사항 없음**	
서지전압	**70.49V**			

2. 불량

① 인젝터 분사시간은 정상 범위(약 2.0~3.8ms/공회전 시)이내이고, 서지전압이 정상 범위(약 65~85V/공회전 시)를 벗어난 경우

측정 항목	① 측정(또는 점검)		② 판정 및 정비(또는 조치)사항	득 점
	측정값	판 정 (□에 "v"표)	정비 및 조치사항	
분사시간	2.72ms	□ 양 호 ☑ 불 량	인젝터 교환 후 재점검	
서지전압	55.21V			

② 인젝터 분사시간이 정상 범위(약 2.0~3.8ms/공회전 시)를 벗어났으나 서지전압이 정상 범위(약 65~85V/공회전 시) 이내인 경우

측정 항목	① 측정(또는 점검)		② 판정 및 정비(또는 조치)사항	득 점
	측정값	판 정 (□에 "v"표)	정비 및 조치사항	
분사시간	4.13ms	□ 양 호 ☑ 불 량	인젝터 교환 후 재점검	
서지전압	72.30V			

③ 인젝터 분사시간과 서지전압 둘 다 정상 범위(분사시간 : 약 2.0~3.8ms/공회전 시, 서지전압 : 약 65~85V/공회전 시)를 벗어난 경우

측정 항목	① 측정(또는 점검)		② 판정 및 정비(또는 조치)사항	득 점
	측정값	판 정 (□에 "v"표)	정비 및 조치사항	
분사시간	4.34ms	□ 양 호 ☑ 불 량	인젝터 교환 후 재점검	
서지전압	58.28V			

TIP

파형의 각 구간 명칭 및 일반적인 정상 범위는 암기하세요.

참 고

시험 시, 파형의 형상 및 각 구간의 정상 범위는 차종마다 다르므로 주어진 자동차의 정비지침서를 보고 판단하는 것이 가장 정확합니다.

시험안 6, 10

연료압력 점검

2항의 시동된 엔진에서 공회전 상태를 확인하고 감독위원의 지시에 따라 연료 공급 시스템의 연료 압력을 측정하여 기록표에 기록하시오.(※ 시동이 정상적으로 되지 않는 경우는 작업을 할 수 없다.)

답안지작성법

1. 양호

연료압력이 규정값 범위 이내인 경우

측정 항목	① 측정(또는 점검)		② 판정 및 정비(또는 조치)사항		득 점
	측정값	규정(정비한계)값	판 정 (□에 "v"표)	정비 및 조치사항	
연료압력	**2.2kgf/cm^2/공회전 시**	**1.8~3.3kgf/cm^2/공회전 시**	☑ 양 호 □ 불 량	**정비 및 조치사항 없음**	

2. 불량

① 연료압력이 규정값 범위 미만인 경우(1.8kgf/cm^2 미만/공회전 시)

측정 항목	① 측정(또는 점검)		② 판정 및 정비(또는 조치)사항		득 점
	측정값	규정(정비한계)값	판 정 (□에 "v"표)	정비 및 조치사항	
연료압력	**1.6kgf/cm^2/공회전 시**	**1.8~3.3kgf/cm^2/공회전 시**	□ 양 호 ☑ 불 량	**연료펌프 교환 후 재점검**	

② 연료압력이 규정값 범위 초과인 경우(3.3kgf/cm^2 초과/공회전 시)

측정 항목	① 측정(또는 점검)		② 판정 및 정비(또는 조치)사항		득 점
	측정값	규정(정비한계)값	판 정 (□에 "v"표)	정비 및 조치사항	
연료압력	**3.5kgf/cm^2/공회전 시**	**1.8~3.3kgf/cm^2/공회전 시**	□ 양 호 ☑ 불 량	**연료펌프 교환 후 재점검**	

TIP

- 측정값 작성 시 반드시 규정값에 제시한 단위와 측정조건으로 작성합니다.(예 3.5kgf/cm^2/공회전 시)
- 연료압력 불량 시 정비 및 조치사항은 매우 다양하기 때문에 일반적으로 연료압력이 낮은 경우, 높은 경우 둘 다 연료펌프 교환 후 재점검으로 작성합니다.

참 고

시험 시, 주어진 자동차의 고장상태를 확인 후 정비 및 조치사항을 작성하는 것이 가장 정확합니다.

시험안 8

PCSV(퍼지 컨트롤 솔레노이드 밸브) 점검

2항의 시동된 엔진에서 증발가스 제어장치의 퍼지 컨트롤 솔레노이드 밸브를 점검하여 기록표에 기록하시오.(※ 시동이 정상적으로 되지 않는 경우는 작업을 할 수 없다.)

답안지작성법

1. 양호

작동 시(12V) 진공해지 되고, 비작동 시(0V) 진공유지 되는 경우

측정 항목	① 측정(또는 점검)		② 판정 및 정비(또는 조치)사항		득 점
	측정값	진공유지 또는 진공해지 기록	판 정 (□에 "v"표)	정비 및 조치사항	
퍼지 컨트롤 솔레노이드 밸브	작동시 : **12V**	**진공해지**	☑ 양 호 □ 불 량	**정비 및 조치사항 없음**	
	비작동시 : **0V**	**진공유지**			

2. 불량

① 작동 시(12V) 진공유지되고, 비작동시(0V)에도 진공유지 되는 경우(작동시 불량)

측정 항목	① 측정(또는 점검)		② 판정 및 정비(또는 조치)사항		득 점
	측정값	진공유지 또는 진공해지 기록	판 정 (□에 "v"표)	정비 및 조치사항	
퍼지 컨트롤 솔레노이드 밸브	작동시 : **12V**	**진공유지**	□ 양 호 ☑ 불 량	**PCSV 교환 후 재점검**	
	비작동시 : **0V**	**진공유지**			

② 작동 시(12V) 진공해지되고, 비작동시(0V)에도 진공해지 되는 경우(비작동시 불량)

측정 항목	① 측정(또는 점검)		② 판정 및 정비(또는 조치)사항		득 점
	측정값	진공유지 또는 진공해지 기록	판 정 (□에 "v"표)	정비 및 조치사항	
퍼지 컨트롤 솔레노이드 밸브	작동시 : **12V**	**진공해지**	□ 양 호 ☑ 불 량	**PCSV 교환 후 재점검**	
	비작동시 : **0V**	**진공해지**			

③ 작동 시(12V) 진공유지되고, 비작동 시(0V) 진공해지 되는 경우(작동 시, 비작동 시 둘 다 불량)

측정 항목	① 측정(또는 점검)		② 판정 및 정비(또는 조치)사항		득 점
	측정값	진공유지 또는 진공해지 기록	판 정 (□에 "v"표)	정비 및 조치사항	
퍼지 컨트롤 솔레노이드 밸브	작동시 : **12V**	**진공유지**	□ 양 호 ☑ 불 량	**PCSV 교환 후 재점검**	
	비작동시 : **0V**	**진공해지**			

TIP

✿ 작동 시 전압은 배터리 전압을 의미합니다. 일반적으로 12V로 작성합니다.

시험안 1, 2, 12

맵 센서(급가속 시) 파형 분석

주어진 자동차에서 맵 센서의 파형을 출력·분석하여 그 결과를 기록표에 기록하시오(측정조건 : 급가속 시).

답안지작성법

맵 센서 파형

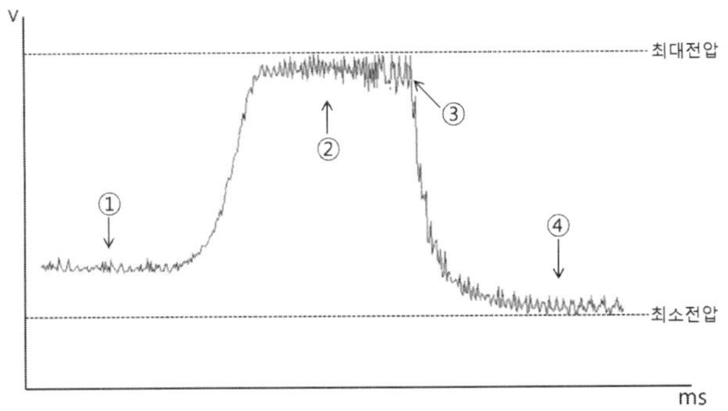

파형의 각 구간 명칭 및 일반적인 정상 범위

- ①번 구간 : 공회전 구간(약 1.0~1.5V)
- ②번 구간 : 스로틀 밸브 완전개방 구간(약 4.5~4.9V)
- ③번 구간 : 스로틀 밸브 닫힘 구간
- ④번 구간 : 다시 공회전 구간(약 0.1~0.5V)

정상 파형인 경우

측정 항목	파형 상태	득 점
파형분석	요구사항 조건에 맞는 파형을 프린트하여 아래 사항을 분석 후 뒷면에 첨부 - 출력된 파형에 불량 요소가 있을 경우 반드시 표기 및 설명이 되어야 함 - 파형의 주요 특징에 대하여 표기 및 설명이 되어야 함	

- 분석 : 급가속 시 스로틀 밸브가 완전히 열려 최대전압이 4.82V로서 정상범위(약 4.5~4.9V) 이내이고, 스로틀 밸브가 급격히 닫히면서 최대진공이 발생하여 전압이 급격히 떨어지나 대시포트 작용에 의해 0V까지 떨어지지 않고 최소전압이 0.46V가 됨으로써 정상범위(약 0.1~0.5V) 이내이며 다시 공회전 구간을 회복하므로 정상 파형임

TIP

- 파형의 각 구간 명칭 및 일반적인 정상 범위는 암기하세요.
- 파형을 출력하여 각 구간의 명칭, 측정값, 정상 범위를 작성하고 반드시 해당 파형이 정상인지 불량인지에 대한 판정을 작성합니다.

참 고

시험 시, 파형의 형상 및 각 구간의 정상 범위는 차종마다 다르므로 주어진 자동차의 정비지침서를 보고 판단하는 것이 가장 정확합니다.

시험안 3, 14

산소센서(공회전 시) 파형 분석

주어진 자동차에서 산소센서의 파형을 출력·분석하여 그 결과를 기록표에 기록하시오(측정조건 : 공회전 상태).

답안지작성법

산소센서 파형

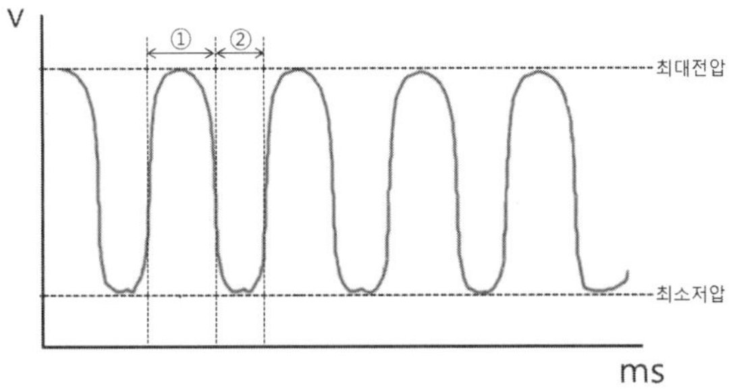

파형의 각 구간 명칭 및 일반적인 정상 범위(공회전 시 또는 엔진 회전수 약 2,000rpm 시)

- 약 0.1V~0.9V를 반복하여 나타낸다.
- ①번 구간과 ②번 구간이 대략 50:50을 유지한다.
- 듀티 : 약 40~60%

〈공회전 시 측정하는 경우〉

정상 파형인 경우

측정 항목	파형 상태	득 점
파형분석	요구사항 조건에 맞는 파형을 프린트하여 아래 사항을 분석 후 뒷면에 첨부 - 출력된 파형에 불량 요소가 있을 경우 반드시 표기 및 설명이 되어야 함 - 파형의 주요 특징에 대하여 표기 및 설명이 되어야 함	

- 분석 : 공회전 시 최소전압 0.12V와 최대전압 0.89V 사이를 반복하여 나타남으로써 정상 범위(약 0.1~0.9V) 이내이고, 듀티가 45%로서 정상 범위(약 40~60%) 이내이므로 정상 파형임

TIP

- 파형의 각 구간 명칭 및 일반적인 정상 범위는 암기하세요.
- 파형을 출력하여 각 구간의 명칭, 측정값, 정상 범위를 작성하고 반드시 해당 파형이 정상인지 불량인지에 대한 판정을 작성합니다.

참 고

- 시험 시, 파형의 형상 및 각 구간의 정상 범위는 차종마다 다르므로 주어진 자동차의 정비지침서를 보고 판단하는 것이 가장 정확합니다.

시험안 4, 9

스텝모터(또는 ISA) 파형 분석(공회전 시)

주어진 자동차의 스텝모터(또는 ISA)의 파형을 출력·분석하여 그 결과를 기록표에 기록하시오(측정조건 : 공회전 상태).

답안지작성법

스텝모터 파형(열림코일 듀티)

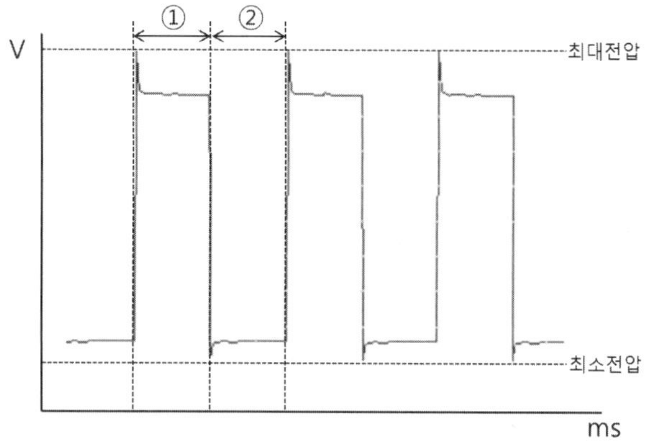

파형의 각 구간 명칭 및 일반적인 정상 범위

- 최대전압 : 약 13~15V
- 최소전압 : 0V에 가까움
- ①번 구간 : 스텝모터 OFF 구간
- ②번 구간 : 스텝모터 ON 구간
- 듀티 : 30~32%/무부하 공회전 시

〈무부하 공회전 시, 열림코일 듀티를 측정하는 경우〉

• 정상 파형인 경우

측정 항목	파형 상태	득 점
파형분석	요구사항 조건에 맞는 파형을 프린트하여 아래 사항을 분석 후 뒷면에 첨부 - 출력된 파형에 불량 요소가 있을 경우 반드시 표기 및 설명이 되어야 함 - 파형의 주요 특징에 대하여 표기 및 설명이 되어야 함	

- 분석 : 무부하 공회전 시 최대전압 14.52V로서 정상 범위(약 14~15V) 이내이고, 최소전압이 0.03V로서 정상 범위(0V에 가까움) 이내이고, 듀티가 30.5%로서 정상 범위(약 30~32%/무부하 공회전 시) 이내이므로 정상 파형임

TIP

- 파형의 각 구간 명칭 및 일반적인 정상 범위는 암기하세요.
- 파형을 출력하여 각 구간의 명칭, 측정값, 정상 범위를 작성하고 반드시 해당 파형이 정상인지 불량인지에 대한 판정을 작성합니다.

참 고

시험 시, 파형의 형상 및 각 구간의 정상 범위는 차종마다 다르므로 주어진 자동차의 정비지침서를 보고 판단하는 것이 가장 정확합니다.

시험안 5, 6, 8, 12

점화1차(공회전 시) 파형 분석

주어진 자동차의 점화코일에서 코일의 파형을 출력·분석하여 그 결과를 기록표에 기록하시오(측정조건 : 공회전 상태).

답안지작성법

점화1차 파형

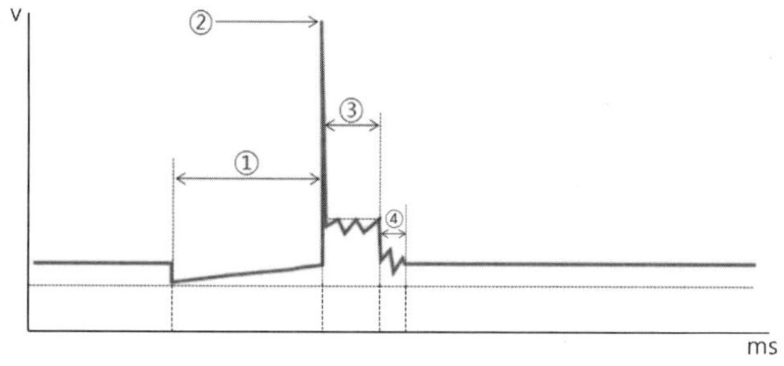

파형의 각 구간 명칭 및 일반적인 정상 범위

- ①번 구간 : 드웰구간(약 3.0~5.0ms)
- ②번 구간 : 서지전압(약 300~400V)
- ③번 구간 : 점화시간(약 1.0~2.0ms)
- ④번 구간 : 감쇄진동구간

정상 파형인 경우

측정 항목	파형 상태	득 점
파형분석	요구사항 조건에 맞는 파형을 프린트하여 아래 사항을 분석 후 뒷면에 첨부 - 출력된 파형에 불량 요소가 있을 경우 반드시 표기 및 설명이 되어야 함 - 파형의 주요 특징에 대하여 표기 및 설명이 되어야 함	

- 분석 : 서지전압이 320.4V로서 정상 범위(약 300~400V) 이내이고, 점화시간이 1.24ms로서 정상 범위(약 1.0~2.0ms) 이내이므로 정상 파형임

TIP

- 파형의 각 구간 명칭 및 일반적인 정상 범위는 암기하세요.
- 파형을 출력하여 각 구간의 명칭, 측정값, 정상 범위를 작성하고 반드시 해당 파형이 정상인지 불량인지에 대한 판정을 작성합니다.

참 고

시험 시, 파형의 형상 및 각 구간의 정상 범위는 차종마다 다르므로 주어진 자동차의 정비지침서를 보고 판단하는 것이 가장 정확합니다.

시험안 7

흡입 공기유량센서(공회전 시) 파형 분석

주어진 자동차의 엔진에서 감독위원의 지시에 따라 흡입 공기 유량센서의 파형을 출력·분석하여 그 결과를 기록표에 기록하시오(측정조건 : 공회전 상태).

답안지작성법

흡입 공기유량센서(핫 필름 방식) 파형

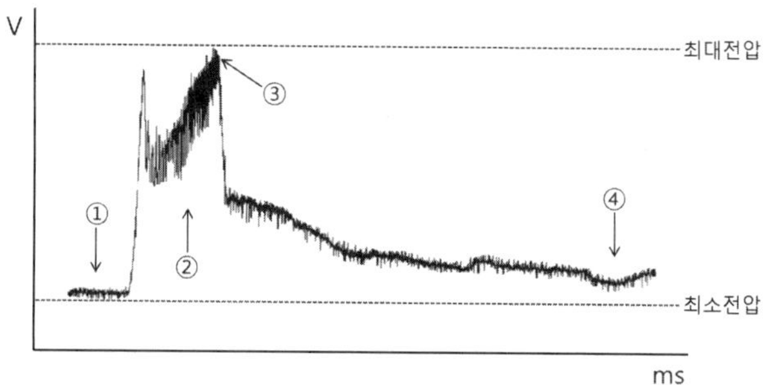

파형의 각 구간 명칭 및 일반적인 정상 범위

- ①번 구간 : 공회전 구간(약 0.8~1.0V)
- ②번 구간 : 스로틀 밸브 완전개방 구간(약 4.0~4.9V)
- ③번 구간 : 스로틀 밸브 닫힘 구간
- ④번 구간 : 다시 공회전 구간(약 0.1~0.5V)

정상 파형인 경우

측정 항목	파형 상태	득 점
파형분석	요구사항 조건에 맞는 파형을 프린트하여 아래 사항을 분석 후 뒷면에 첨부 - 출력된 파형에 불량 요소가 있을 경우 반드시 표기 및 설명이 되어야 함 - 파형의 주요 특징에 대하여 표기 및 설명이 되어야 함	

- 분석 : 급가속 시 스로틀 밸브가 완전히 열려 최대전압이 4.21V로서 정상범위(약 4.0~4.9V) 이내이고, 스로틀 밸브가 급격히 닫히면서 최대진공이 발생하여 전압이 급격히 떨어지나 대시 포트 작용에 의해 0V까지 떨어지지 않고 다시 공회전 구간을 회복하므로 정상 파형임

TIP

- 파형의 각 구간 명칭 및 일반적인 정상 범위는 암기하세요.
- 파형을 출력하여 각 구간의 명칭, 측정값, 정상 범위를 작성하고 반드시 해당 파형이 정상인지 불량인지에 대한 판정을 작성합니다.

참 고

시험 시, 파형의 형상 및 각 구간의 정상 범위는 차종마다 다르므로 주어진 자동차의 정비지침서를 보고 판단하는 것이 가장 정확합니다.

시험안 10

TDC 센서(또는 캠각 센서) 파형 분석(공회전 시)

주어진 자동차의 TDC 센서(또는 캠각 센서)의 파형을 출력·분석하여 그 결과를 기록표에 기록하시오(측정조건 : 공회전 상태).

답안지작성법

TDC 센서 파형

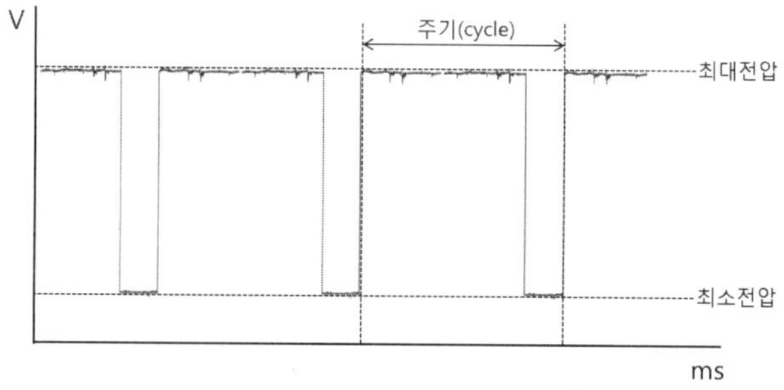

파형의 각 구간 명칭 및 일반적인 정상 범위

- 최대전압 : 약 13~15V
- 최소전압 : 0V에 가까움
- 주기(Cycle)가 일정하게 나타난다.

정상 파형인 경우

측정 항목	파형 상태	득 점
파형분석	요구사항 조건에 맞는 파형을 프린트하여 아래 사항을 분석 후 뒷면에 첨부 - 출력된 파형에 불량 요소가 있을 경우 반드시 표기 및 설명이 되어야 함 - 파형의 주요 특징에 대하여 표기 및 설명이 되어야 함	

- 분석 : 최대전압이 14.13V로서 정상 범위(약 13~15V) 이내이고, 최소전압이 0.16V로서 정상 범위(0V에 가까움) 이내이고, 주기(Cycle)가 126ms로서 일정하므로 정상 파형임

TIP

- 파형의 각 구간 명칭 및 일반적인 정상 범위는 암기하세요.
- 파형을 출력하여 각 구간의 명칭, 측정값, 정상 범위를 작성하고 반드시 해당 파형이 정상인지 불량인지에 대한 판정을 작성합니다.

참 고

시험 시, 파형의 형상 및 각 구간의 정상 범위는 차종마다 다르므로 주어진 자동차의 정비지침서를 보고 판단하는 것이 가장 정확합니다.

시험안 11

디젤 인젝터(공회전 시) 파형 분석

주어진 전자제어 디젤엔진에서 인젝터 파형을 출력·분석하여 그 결과를 기록표에 기록하시오(측정조건 : 공회전 상태).

답안지작성법

디젤 인젝터 파형

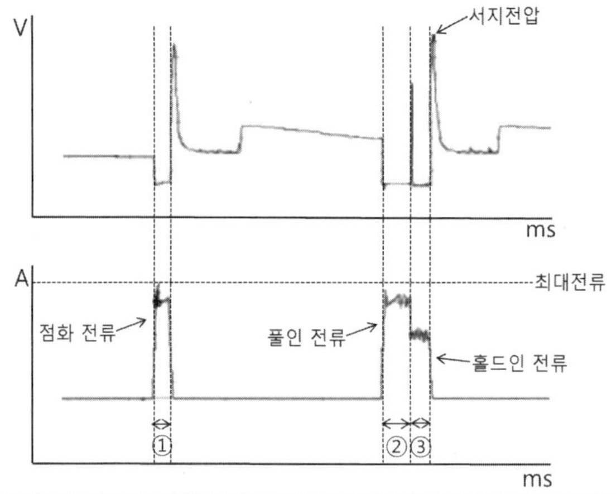

파형의 각 구간 명칭 및 일반적인 정상 범위

- 서지전압 : 약 50~80V
- ①번 구간 : 예비분사 또는 점화분사 구간(점화 전류 : 약 16~20A)
- ②번 구간 : 주분사 구간(풀인 전류 : 약 16~20A)
- ③번 구간 : 후분사 구간(홀드인 전류 : 약 12~16A)

정상 파형인 경우

측정 항목	파형 상태	득 점
파형분석	요구사항 조건에 맞는 파형을 프린트하여 아래 사항을 분석 후 뒷면에 첨부 - 출력된 파형에 불량 요소가 있을 경우 반드시 표기 및 설명이 되어야 함 - 파형의 주요 특징에 대하여 표기 및 설명이 되어야 함	

- 분석 : 인젝터 서지전압이 57.36V로서 정상 범위(약 50~80V) 이내이고, 점화 전류가 최대 19.21A, 풀인 전류가 최대 18.65A, 홀드인 전류가 최대 13.89A로서 모두 정상 범위(점화·풀인 전류 : 약 16~20A, 홀드인 전류 : 약 12~16A) 이내이므로 정상 파형임.

TIP

- 파형의 각 구간 명칭 및 일반적인 정상 범위는 암기하세요.
- 파형을 출력하여 각 구간의 명칭, 측정값, 정상 범위를 작성하고 반드시 해당 파형이 정상인지 불량인지에 대한 판정을 작성합니다.

참 고

시험 시, 파형의 형상 및 각 구간의 정상 범위는 차종마다 다르므로 주어진 자동차의 정비지침서를 보고 판단하는 것이 가장 정확합니다.

시험안 1, 3, 12, 14

전자제어 디젤엔진 연료압력 고압 점검

1안 : 주어진 전자제어 디젤엔진에서 인젝터를 탈거한 후(감독위원에게 확인) 다시 부착하여 시동을 걸고 공회전 시 연료압력을 점검하여 기록표에 기록하시오.

3, 14안 : 주어진 전자제어 디젤엔진에서 연료압력조절밸브를 탈거한 후(감독위원에게 확인) 다시 부착하여 시동을 걸고 공회전 시 연료압력을 점검하여 기록표에 기록하시오.

12안 : 주어진 전자제어 디젤엔진의 분사펌프(고압펌프)를 교환하고 공기빼기 작업 후, 공회전 시 연료압력을 점검하여 기록표에 기록하시오.

답안지작성법

1. 양호

연료압력(고압)이 규정값 범위 이내인 경우

측정 항목	① 측정(또는 점검)		② 판정 및 정비(또는 조치)사항		득 점
	측정값	규정(정비한계)값	판 정 (□에 "v"표)	정비 및 조치사항	
연료압력 (고압)	**25,750bar/공회전 시**	**21,000~31,000bar/공회전 시**	☑ 양 호 □ 불 량	**정비 및 조치사항 없음**	

2. 불량

① 연료압력(고압)이 규정값 범위 미만인 경우(21,000bar 미만/공회전 시)

측정 항목	① 측정(또는 점검)		② 판정 및 정비(또는 조치)사항		득 점
	측정값	규정(정비한계)값	판 정 (□에 "v"표)	정비 및 조치사항	
연료압력 (고압)	**14,430bar/공회전 시**	**21,000~31,000bar/공회전 시**	□ 양 호 ☑ 불 량	**연료압력조절밸브 교환 후 재점검**	

② 연료압력(고압)이 규정값 범위 초과인 경우(31,000bar 초과/공회전 시)

측정 항목	① 측정(또는 점검)		② 판정 및 정비(또는 조치)사항		득 점
	측정값	규정(정비한계)값	판 정 (□에 "v"표)	정비 및 조치사항	
연료압력 (고압)	**33,352bar/공회전 시**	**21,000~31,000bar/공회전 시**	□ 양 호 ☑ 불 량	**연료압력조절밸브 교환 후 재점검**	

TIP

- 측정값 작성 시 반드시 규정값에 제시한 단위와 측정조건으로 작성합니다.
  (예 33352bar/공회전 시)
- 연료압력(고압) 불량 시 정비 및 조치사항은 매우 다양하기 때문에 일반적으로 연료압력(고압)이 낮은 경우, 높은 경우 둘 다 연료압력조절밸브 교환 후 재점검으로 작성합니다.

참 고

시험 시, 주어진 자동차의 고장상태를 확인 후 정비 및 조치사항을 작성하는 것이 가장 정확합니다.

시험안 5, 7

전자제어 디젤엔진 인젝터 리턴(백리크)량 점검

※ 본 문제는 감독위원이 규정(정비한계)값을 제시하지 않습니다.

5안 : 주어진 전자제어 디젤엔진에서 감독위원의 지시에 따라 연료압력센서를 탈거한 후(감독위원에게 확인) 다시 부착하여 시동을 걸고 공회전 시 연료 압력을 점검하여 기록표에 기록하시오.

7안 : 주어진 전자제어 디젤엔진에서 감독위원의 지시에 따라 연료압력조절밸브를 탈거한 후(감독위원에게 확인) 다시 부착하여 시동을 걸고 공회전 시 연료 압력을 점검하여 기록표에 기록하시오.

답안지작성법

소수점 셋째자리 이하 버림을 제시한 경우

1. 양호

각 실린더의 인젝터 리턴량이 모두 규정값 범위 이내인 경우

측정 항목	① 측정(또는 점검)							② 판정 및 정비(또는 조치)사항		득 점
	측정값						규정(정비한계)값	판 정 (□에 "v"표)	정비 및 조치사항	
인젝터 리턴량	1	2	3	4	5	6	**101.61~107.89cc /3,000rpm**	☑ 양 호 □ 불 량	**정비 및 조치사항 없음**	
	107cc	**104cc**	**105cc**	**103cc**	-	-				

[규정값 범위 산출근거]

- 평균분사량$=\dfrac{\text{각 실린더 분사량의 합}}{\text{실린더 수}}=\dfrac{107cc+104cc+105cc+103cc}{4}=104.75cc$
- 불균율 허용치가 $\pm 3\%$ 이내이므로 $104.75cc\times 0.03\approx 3.14cc$
- $104.75cc\pm 3.14cc \Rightarrow (104.75cc-3.14cc)\sim(104.75cc+3.14cc)=101.61cc\sim 107.89cc$

∴ 규정값 범위 : 101.61~107.89cc/3,000rpm

∴ 정상 : 1번, 2번, 3번, 4번 인젝터

2. 불량

각 실린더의 인젝터 리턴량 중, 한 개 이상 규정값 범위를 벗어난 경우

측정 항목	① 측정(또는 점검)							② 판정 및 정비(또는 조치)사항		득 점
	측정값						규정(정비한계)값	판 정 (□에 "v"표)	정비 및 조치사항	
인젝터 리턴량	1	2	3	4	5	6	**101.85~108.15cc /3,000rpm**	□ 양 호 ☑ 불 량	**2번, 4번 인젝터 교환 후 재점검**	
	107cc	**115cc**	**105cc**	**93cc**	-	-				

[규정값 범위 산출근거]

- 평균분사량$=\dfrac{\text{각 실린더 분사량의 합}}{\text{실린더 수}}=\dfrac{107cc+115cc+105cc+93cc}{4}=105cc$
- 불균율 허용치가 $\pm3\%$ 이내이므로 $105cc\times0.03=3.15cc$
- $105cc\pm3.15cc \Rightarrow (105cc-3.15cc)\sim(105cc+3.15cc)=101.85cc\sim108.15cc$

∴ 규정값 범위 : 101.85~108.15cc/3,000rpm

∴ 정상 : 1번, 3번 인젝터

∴ 비정상 : 2번, 4번 인젝터

TIP

- 측정값 작성 시 단위를 작성합니다.(예 : 105cc)
- 평균분사량 공식, 불균율 허용치(±3% 이내)는 암기하세요.
- 각 실린더의 인젝터 리턴량 중, 한 개라도 불량이면 판정은 불량입니다.
- 소수점 처리는 감독위원이 제시한 조건을 따릅니다. 만약, 소수점 처리에 대한 언급이 없다면 계산한 값을 그대로 작성합니다.

참 고

- 일반적으로 감독위원이 제시하는 측정조건에 따라 측정합니다.
- 만약, 별도로 측정조건에 대해 언급이 없다면 연료 리턴호스를 막고 엔진 시동을 걸고 엔진 회전수를 약 3,000rpm으로 30초간 유지한 후 엔진 시동을 끈 상태에서 리턴량을 측정합니다.

시험안 9

전자제어 디젤엔진 공전속도 점검

주어진 전자제어 디젤엔진에서 감독위원의 지시에 따라 연료압력센서를 탈거한 후(감독위원에게 확인) 다시 부착하여 시동을 걸고 공전속도를 점검하여 기록표에 기록하시오.

답안지작성법

1. 양호

• 공회전속도가 규정값 범위 이내인 경우

측정 항목	① 측정(또는 점검)		② 판정 및 정비(또는 조치)사항		득 점
	측정값	규정(정비한계)값	판 정 (□에 "v"표)	정비 및 조치사항	
공회전속도	**780rpm**	**750~800rpm**	☑ 양 호 □ 불 량	**정비 및 조치사항 없음**	

2. 불량

① 공회전속도가 규정값 범위 미만인 경우(750rpm 미만)

측정 항목	① 측정(또는 점검)		② 판정 및 정비(또는 조치)사항		득 점
	측정값	규정(정비한계)값	판 정 (□에 "v"표)	정비 및 조치사항	
공회전속도	**680rpm**	**750~800rpm**	□ 양 호 ☑ 불 량	**스로틀바디 내 카본 제거 후 재점검**	

② 공회전속도가 규정값 범위 초과인 경우(800rpm 초과)

측정 항목	① 측정(또는 점검)		② 판정 및 정비(또는 조치)사항		득 점
	측정값	규정(정비한계)값	판 정 (□에 "v"표)	정비 및 조치사항	
공회전속도	**1,100rpm**	**750~800rpm**	□ 양 호 ☑ 불 량	**스로틀바디 내 카본 제거 후 재점검**	

TIP

◎ 공회전속도 불량 시 정비 및 조치사항은 매우 다양하기 때문에 일반적으로 공회전 속도가 낮은 경우, 높은 경우 둘 다 스로틀바디 내 카본 제거 후 재점검으로 작성합니다.

참 고

시험 시, 주어진 자동차의 고장상태를 확인 후 정비 및 조치사항을 작성하는 것이 가장 정확합니다.

시험안 2, 4, 6, 8, 10, 11, 13

디젤 매연 측정(광투과식)

※ 본 문제는 검사항목으로서 감독위원이 차종, 연식, 기준값을 제시하지 않습니다.

2, 4, 13안 : 주어진 전자제어 디젤엔진에서 연료압력센서를 탈거한 후(감독위원에게 확인) 다시 부착하여 시동을 걸고 매연을 측정하여 기록표에 기록하시오.

6안 : 주어진 전자제어 디젤엔진에서 연료압력조절밸브를 탈거한 후(감독위원에게 확인) 다시 부착하여 시동을 걸고 매연을 측정하여 기록표에 기록하시오.

8, 10, 11안 : 주어진 전자제어 디젤엔진에서 인젝터를 탈거한 후(감독위원에게 확인) 다시 부착하여 시동을 걸고 매연을 측정하여 기록표에 기록하시오.

답안지작성법

제작연도가 2002년인 승용 디젤자동차(터보·인터쿨러 장착)의 경우

1. 양호

측정값이 기준값 범위 이내인 경우

측정 항목	① 측정(또는 점검)				② 산출근거(계산) 및 판정		득 점
차종	연식	측정값	기준값	측정	산출근거(계산) 기록	판정 (□에 "v"표)	
승용	2002년	34%	50% 이하	1회 : 35.5% 2회 : 36.1% 3회 : 32.7%	$\frac{35.5+36.1+32.7}{3} \approx 34(\%)$	☑ 양 호 □ 불 량	

[기준값 산출근거]

- 2002년식 승용자동차 매연허용기준(%) : 45% 이하
- 터보 장착 차량 : 45%+5%=50%

<u>∴ 기준값 : 50% 이하</u>

2. 불량

측정값이 기준값 초과인 경우(50% 초과)

측정 항목	① 측정(또는 점검)				② 산출근거(계산) 및 판정		득 점
차종	연식	측정값	기준값	측정	산출근거(계산) 기록	판정 (□에 "V"표)	
승용	2002년	57%	50% 이하	1회 : 57.4% 2회 : 55.3% 3회 : 59.6%	$\frac{57.4+55.3+59.6}{3} \approx 57(\%)$	□ 양 호 ☑ 불 량	

[기준값 산출근거]

- 2002년식 승용자동차 매연허용기준(%) : 45% 이하
- 터보 장착 차량 : 45%+5%=50%

∴ 기준값 : 50% 이하

TIP

- 기준값 작성 시 '이하'를 빠뜨리지 않고 작성합니다.
- 3개의 측정값을 소수점 첫째자리까지 모두 합하여 산술평균하고, 이때 산출한 값에서 소수점 첫째자리 이하를 버림하여 측정값을 작성합니다.(예 57% (○), 57.4% (×))
- 터보·인터쿨러 미장착 차량인 경우 : 기준값=해당 연식의 매연허용기준(%)
- 터보·인터쿨러 장착 차량인 경우 : 기준값=해당 연식의 매연허용기준(%)+5%
- 만약, 최초 3회 측정하여 3개의 측정값 중 최대값, 최소값이 5% 이상 차이가 나면 추가로 2회 더 측정하여 5개의 측정값 중 최대값, 최소값을 버린 나머지 3개의 측정값을 산술평균하여 측정값을 구합니다.
- 자동차 등록증에서 차대번호 10번째 자리(제작연도)를 판독하여 연식과 기준값을 작성합니다 ('최초등록일', '형식 및 연식'에 표기된 연도는 무시합니다).

참 고

'디젤자동차 매연허용기준', '자동차 제작연도 표기'는 모두 암기하세요.

[디젤자동차 매연허용기준]

차 종		제작연도		매연허용기준 (광 투과식)	비 고
경 자동차 승용 자동차		1995년 12월 31일 이전		60% 이하	
		1996년 1월 1일부터 2000년 12월 31일까지		55% 이하	
		2001년 1월 1일부터 2003년 12월 31일까지		45% 이하	
		2004년 1월 1일부터 2007년 12월 31일까지		40% 이하	
		2008년 1월 1일 이후		20% 이하	
승합·화물·특수자동차	소 형	1995년 12월 31일까지		60% 이하	
		1996년 1월 1일부터 2000년 12월 31일까지		55% 이하	
		2001년 1월 1일부터 2003년 12월 31일까지		45% 이하	
		2004년 1월 1일부터 2007년 12월 31일까지		40% 이하	
		2008년 1월 1일 이후		20% 이하	
	중형·대형	1992년 12월 31일 이전		60% 이하	
		1993년 1월 1일부터 1995년 12월 31일까지		55% 이하	
		1996년 1월 1일부터 1997년 12월 31일까지		45% 이하	
		1998년 1월 1일부터 2000년 12월 31일까지	시내버스	40% 이하	
			시내버스 외	45% 이하	
		2001년 1월 1일부터 2004년 09월 30일까지		45% 이하	
		2004년 10월 1일부터 2007년 12월 31일까지		40% 이하	
		2008년 1월 1일 이후		20% 이하	

[자동차 등록증 예시]

자동차 등록증

제 2003-0720 호　　　　최초등록일 : 2003년 07월 04일

① 자동차 등록번호		90고0704	② 차 종	대형 승용	③ 용 도	자가용
④ 차 명		쏘렌토R	⑤ 형식 및 연식	XM73BB-S		2002
⑥ 차대번호		KNCSE01432K3568411	⑦ 원동기 형식	D5HB		
⑧ 사용본거지						
소유자	⑨ 성명(명칭)	윤흥수	⑩ 주민(사업자) 등록번호	******-*******		
	⑪ 주 소	경기도 가평군				

자동차관리법 제8조 규정에 의하여 위와 같이 등록하였음을 증명합니다.

2003 년 07 월 04 일

가평군수

[자동차 제작연도 표기(자동차 등록증에서 차대번호 10번째 자리는 제작연도를 의미)]

10번째 자리	M	N	P	R	S	T	V	W	X	Y
제작연도	1991년	1992년	1993년	1994년	1995년	1996년	1997년	1998년	1999년	2000년
10번째 자리	1	2	3	4	5	6	7	8	9	A
제작연도	2001년	2002년	2003년	2004년	2005년	2006년	2007년	2008년	2009년	2010년
10번째 자리	B	C	D	E	F	G	H	J	K	L
제작연도	2011년	2012년	2013년	2014년	2015년	2016년	2017년	2018년	2019년	2020년

시험안 1, 8, 9

종감속장치 링기어 백래시 및 런 아웃 측정

주어진 종감속장치에서 링기어의 백래시와 런 아웃을 측정하여 기록표에 기록한 후, 백래시가 규정값이 되도록 조정하시오.

답안지작성법

1. 양호

백래시가 규정값 범위 이내이고, 런 아웃도 규정값 범위 이내인 경우

측정 항목	① 측정(또는 점검)		② 판정 및 정비(또는 조치)사항		득 점
	측정값	규정(정비한계)값	판 정 (□에 "v"표)	정비 및 조치사항	
백래시	0.09mm	0.08~0.13mm	☑ 양 호 □ 불 량	**정비 및 조치사항 없음**	
런아웃	0.02mm	0.13mm 이하			

2. 불량

① 백래시는 규정값 범위 이내이고, 런 아웃이 규정값 범위를 벗어난 경우

측정 항목	① 측정(또는 점검)		② 판정 및 정비(또는 조치)사항		득 점
	측정값	규정(정비한계)값	판 정 (□에 "v"표)	정비 및 조치사항	
백래시	0.1mm	0.08~0.13mm	□ 양 호 ☑ 불 량	**런아웃 불량으로 종감속기어 어셈블리 교환 후 재점검**	
런아웃	0.17mm	0.13mm 이하			

② 백래시가 규정값 범위를 벗어났고, 런 아웃이 규정값 범위 이내인 경우

측정 항목	① 측정(또는 점검)		② 판정 및 정비(또는 조치)사항		득 점
	측정값	규정(정비한계)값	판 정 (□에 "v"표)	정비 및 조치사항	
백래시	0.14mm	0.08~0.13mm	□ 양 호 ☑ 불 량	**백래시 불량으로 심 두께 조정 후 재점검(심 타입) 또는 백래시 불량으로 스크루 조정 후 재점검(스크루 타입)**	
런아웃	0.11mm	0.13mm 이하			

③ 백래시가 규정값 범위를 벗어났고, 런 아웃도 규정값 범위를 벗어난 경우

측정 항목	① 측정(또는 점검)		② 판정 및 정비(또는 조치)사항		득 점
	측정값	규정(정비한계)값	판 정 (□에 "v"표)	정비 및 조치사항	
백래시	0.16mm	0.08~0.13mm	□ 양 호 ☑ 불 량	**백래시와 런아웃 불량으로 종감속기어 어셈블리 교환 후 재점검**	
런아웃	0.19mm	0.13mm 이하			

TIP

- 백래시는 기어 이빨과 기어 이빨 사이의 간극을 말합니다.
- 런 아웃(Run Out)은 흔들림을 뜻합니다.
- 백래시, 런 아웃 둘 중 하나라도 불량이면 판정은 불량입니다.
- 기어는 사용할수록 마모되므로 백래시는 커지므로, 일반적으로 백래시는 규정값 범위 이상으로 측정됩니다.

참 고

만약, 백래시가 규정값 범위 미만인 경우에는 백래시 조정이 잘못된 정비 상황이므로 심 두께 조정 후 재점검(심 타입) 또는 스크루 조정 후 재점검(스크루 타입)으로 작성합니다.

시험안 2, 7, 14

최소회전반경 측정

주어진 자동차에서 최소회전반경을 측정하여 기록표에 기록하고 타이로드 엔드를 탈거한 후 (감독위원에게 확인), 다시 부착하여 토(toe)가 규정값이 되도록 조정하시오.

답안지작성법

1. 양호

① 좌회전 시 측정값이 기준값 범위 이내인 경우

측정 항목	① 측정(또는 점검)			② 산출근거(계산) 및 판정		득 점
	최대조향각 (□ 에 "v"표)	기준값 (최소회전 반경)	측정값 (최소회전 반경)	산출근거(계산) 기록	판정 (□에 "v"표)	
회전방향 (□ 에 "v"표) ☑ 좌 □ 우	□ 좌측바퀴 ☑ 우측바퀴 조향각 : 30°	12m 이내	8.05m	$R=\frac{L}{\sin\alpha}+r=\frac{400\text{cm}}{\sin 30°}+50\text{mm}$ $=\frac{4\text{m}}{0.5}+0.05\text{m}=8.05\text{m}$	☑ 양 호 □ 불 량	

[측정값 산출근거]

- 최소회전반경 공식

$$R=\frac{L}{\sin\alpha}+r$$

R : 최소회전반경(m)
L : 축간거리(m)
α : 바깥쪽 앞바퀴의 조향각(°)
r : 바퀴 접지면 중심과 킹핀과의 거리(m)

- 축간거리 : 400cm
- 바깥쪽 앞바퀴의 최대 조향각 : 30°
- 안쪽 앞바퀴의 최대 조향각 : 28°
- 바퀴 접지면 중심과 킹핀과의 거리 : 50mm

② 우회전 시 측정값이 기준값 범위 이내인 경우

측정 항목	① 측정(또는 점검)			② 산출근거(계산) 및 판정		득 점
	최대조향각 (□ 에 "v"표)	기준값 (최소회전 반경)	측정값 (최소회전 반경)	산출근거(계산) 기록	판정 (□에 "v"표)	
회전방향 (□ 에 "v"표) □ 좌 ☑ 우	☑ 좌측바퀴 □ 우측바퀴 조향각 : **30°**	**12m 이내**	**9.06m**	$R=\frac{L}{\sin\alpha}+r=\frac{450\text{cm}}{\sin 30^\circ}+60\text{mm}$ $=\frac{4.5\text{m}}{0.5}+0.06\text{m}=9.06\text{m}$	☑ 양 호 □ 불 량	

[측정값 산출근거]

- 최소회전반경 공식

$$R=\frac{L}{\sin\alpha}+r$$

R : 최소회전반경(m)
L : 축간거리(m)
α : 바깥쪽 앞바퀴의 조향각(°)
r : 바퀴 접지면 중심과 킹핀과의 거리(m)

- 축간거리 : 450cm
- 바깥쪽 앞바퀴의 최대 조향각 : 30
- 안쪽 앞바퀴의 최대 조향각 : 28
- 바퀴 접지면 중심과 킹핀과의 거리 : 60mm

TIP

- 최소회전반경은 좌회전 시 최대 조향각은 우측바퀴이고, 우회전 시 최대 조향각은 좌측바퀴입니다. 즉, 선회 시 바깥쪽 바퀴의 회전반경이 최소회전반경입니다.
- 측정값의 단위는 반드시 'm'로 작성합니다.
- 측정값 계산 시 소수점 처리는 감독위원이 제시한 조건을 따릅니다. 만약, 소수점 처리에 대한 언급이 없다면 계산한 값을 그대로 작성합니다.
- 기준값(12m 이내), 최소회전반경 공식은 암기하세요.
- 기준값 작성 시 '이내' 또는 '이하'를 빠뜨리지 않고 작성합니다.

참 고

- 일반적으로 자동차의 최소회전반경은 사고 차량을 제외하고는 12m 이내로 측정됩니다.

시험안 3, 10

캠버 및 토(Toe) 측정

주어진 자동차에서 휠 얼라이먼트 시험기로 캠버와 토(Toe)값을 측정하여 기록표에 기록하고 타이로드 엔드를 탈거한 후(감독위원에게 확인), 다시 부착하여 토(Toe)가 규정값이 되도록 조정하시오.

답안지작성법

맥퍼슨 형식의 경우

1. 양호

캠버가 규정값 범위(−0.5~+0.5°) 이내이고, 토(Toe)도 규정값 범위(IN 5mm~0mm~OUT 5mm) 이내인 경우

측정 항목	① 측정(또는 점검)		② 판정 및 정비(또는 조치)사항		득 점
	측정값	규정(정비한계)값	판 정 (□에 "V"표)	정비 및 조치사항	
캠 버	+0.48°	**+0±0.5°**	☑ 양 호 ☐ 불 량	**정비 및 조치사항 없음**	
사이드슬립	**IN 2mm**	**IN OUT 5mm 이내**			

2. 불량

① 캠버는 규정값 범위(−0.5~+0.5°) 이내이고, 토(Toe)가 규정값 범위(IN 5mm~0mm~OUT 5mm)를 벗어난 경우

측정 항목	① 측정(또는 점검)		② 판정 및 정비(또는 조치)사항		득 점
	측정값	규정(정비한계)값	판 정 (□에 "V"표)	정비 및 조치사항	
캠 버	**+0.43°**	**+0±0.5°**	☐ 양 호 ☑ 불 량	**토(Toe) 불량으로 타이로드 길이 조정 후 재점검**	
사이드슬립	**IN 2mm**	**IN OUT 5mm 이내**			

② 캠버가 규정값 범위(−0.5~+0.5°)를 벗어났고, 토(Toe)는 규정값 범위(IN 5mm~0mm~OUT 5mm) 이내인 경우

측정 항목	① 측정(또는 점검)		② 판정 및 정비(또는 조치)사항		득 점
	측정값	규정(정비한계)값	판 정 (□에 "v"표)	정비 및 조치사항	
캠 버	-0.7°	+0±0.5°	□ 양 호 ☑ 불 량	**캠버 불량으로 스트럿 어셈블리 교환 후 재점검**	
토(Toe)	IN 3mm	IN OUT 5mm 이내			

③ 캠버가 규정값 범위(−0.5~+0.5°)를 벗어났고, 토(Toe)도 규정값 범위(IN 5mm~0mm~OUT 5mm)를 벗어난 경우

측정 항목	① 측정(또는 점검)		② 판정 및 정비(또는 조치)사항		득 점
	측정값	규정(정비한계)값	판 정 (□에 "v"표)	정비 및 조치사항	
캠 버	+0.65°	+0±0.5°	□ 양 호 ☑ 불 량	**먼저 스트럿 어셈블리를 교환하여 캠버각을 재점검한 후 타이로드 길이를 조정하여 토(Toe)를 재점검**	
토(Toe)	OUT 6mm	IN OUT 5mm 이내			

TIP

- 일반적으로 IN이 + 또는 좌측, OUT이 - 또는 우측을 의미합니다.
- 측정값 작성 시 반드시 규정값에 제시한 부호와 단위로 작성합니다.
  (예 -0.6° 또는 IN 3mm)
- 캠버, 토(toe) 둘 중 하나라도 불량이면 판정은 불량입니다.

참 고

• 일반적인 캠버, 토(toe) 불량 시 정비 및 조치사항

구분	캠버 불량 시	토(Toe) 불량 시
맥퍼슨 형식	스트럿 어셈블리 교환 후 재점검	타이로드 길이 조정 후 재점검
더블 위시본 형식 (프레임 바디)	간극 심을 삽입 또는 배출하여 각도 조정 후 재점검	

※ 캠버, 토(Toe) 동시에 불량일 경우 먼저 캠버를 조정한 후 토(Toe)를 조정합니다.

※ 시험 시, 주어진 자동차의 현가방식과 고장상태를 확인 후 정비 및 조치사항을 작성하는 것이 가장 정확합니다.

시험안 4, 11

셋백 및 토(Toe) 측정

주어진 자동차에서 휠 얼라이먼트 시험기로 셋백과 토(Toe)값을 측정하여 기록표에 기록하고 타이로드 엔드를 탈거한 후(감독위원에게 확인), 다시 부착하여 토(Toe)가 규정값이 되도록 조정하시오.

답안지작성법

1. 양호

셋백이 규정값 범위(−1∼+1°) 이내이고, 토(toe)도 규정값 범위(IN 5mm∼0mm∼OUT 5mm) 이내인 경우

측정 항목	① 측정(또는 점검)		② 판정 및 정비(또는 조치)사항		득 점
	측정값	규정(정비한계)값	판 정 (□에 "v"표)	정비 및 조치사항	
셋 백	0°	+0±1°	☑ 양 호 □ 불 량	정비 및 조치사항 없음	
토(toe)	IN 2mm	IN OUT 5mm 이내			

2. 불량

① 셋백은 규정값 범위(−1∼+1°) 이내이고, 토(toe)가 규정값 범위(IN 5mm∼0mm∼OUT 5mm)를 벗어난 경우

측정 항목	① 측정(또는 점검)		② 판정 및 정비(또는 조치)사항		득 점
	측정값	규정(정비한계)값	판 정 (□에 "v"표)	정비 및 조치사항	
셋 백	+0.11°	+0±1°	□ 양 호 ☑ 불 량	토(toe) 불량으로 타이로드 길이 조정 후 재점검	
토(toe)	OUT 7mm	IN OUT 5mm 이내			

② 셋백이 규정값 범위(−1~+1°)를 벗어났고, 토(toe)는 규정값 범위(IN 5mm~0mm~OUT 5mm) 이내인 경우

측정 항목	① 측정(또는 점검)		② 판정 및 정비(또는 조치)사항		득 점
	측정값	규정(정비한계)값	판 정 (□에 "v"표)	정비 및 조치사항	
셋 백	-1.3°	+0±1°	□ 양 호 ☑ 불 량	**셋백 불량으로 프레임 수정 후 재점검**	
토(toe)	IN 3mm	IN OUT 5mm 이내			

③ 셋백이 규정값 범위(−1~+1°)를 벗어났고, 토(Toe)도 규정값 범위(IN 5mm~0mm~OUT 5mm)를 벗어난 경우

측정 항목	① 측정(또는 점검)		② 판정 및 정비(또는 조치)사항		득 점
	측정값	규정(정비한계)값	판 정 (□에 "v"표)	정비 및 조치사항	
셋 백	+1.6°	+0±1°	□ 양 호 ☑ 불 량	**프레임 수정하여 셋백을 재점검하고, 타이로드 길이를 조정하여 토(Toe)를 재점검**	
토(toe)	OUT 6mm	IN OUT 5mm 이내			

TIP

- 일반적으로 IN이 + 또는 좌측, OUT이 - 또는 우측을 의미합니다.
- 만약, 감독위원이 셋백 규정값 범위를 제시하지 않을 경우 0°로 작성합니다.
- 측정값 작성 시 반드시 규정값에 제시한 부호와 단위로 작성합니다.
  (예 -0.1° 또는 IN 3mm)
- 셋백, 토(Toe) 둘 중 하나라도 불량이면 판정은 불량입니다.

참 고

- 일반적인 셋백, 토(Toe) 불량 시 정비 및 조치사항

셋백 불량 시	토(Toe) 불량 시
프레임 수정 후 재점검	타이로드 길이 조정 후 재점검

※ 시험 시, 주어진 자동차의 현가방식과 고장상태를 확인 후 정비 및 조치사항을 작성하는 것이 가장 정확합니다.

시험안 5, 12

캐스터 및 토(Toe) 측정

주어진 자동차에서 휠 얼라이먼트 시험기로 캐스터와 토(Toe)값을 측정하여 기록표에 기록하고 타이로드 엔드를 탈거한 후(감독위원에게 확인), 다시 부착하여 토(Toe)가 규정값이 되도록 조정하시오.

답안지작성법

맥퍼슨 형식의 경우

1. 양호

캐스터가 규정값 범위(+1.42~+3.42°) 이내이고, 토(Toe)도 규정값 범위(IN 5mm~0mm~OUT 5mm) 이내인 경우

측정 항목	① 측정(또는 점검)		② 판정 및 정비(또는 조치)사항		득 점
	측정값	규정(정비한계)값	판 정 (□에 "v"표)	정비 및 조치사항	
캐스터	**+2.77°**	**+2.42±1°**	☑ 양 호 □ 불 량	**정비 및 조치사항 없음**	
토(Toe)	**IN 2mm**	**IN OUT 5mm 이내**			

2. 불량

① 캐스터는 규정값 범위(+1.42~+3.42°) 이내이고, 토(Toe)가 규정값 범위(IN 5mm~0mm~OUT 5mm)를 벗어난 경우

측정 항목	① 측정(또는 점검)		② 판정 및 정비(또는 조치)사항		득 점
	측정값	규정(정비한계)값	판 정 (□에 "v"표)	정비 및 조치사항	
캐스터	**+3.33°**	**+2.42±1°**	□ 양 호 ☑ 불 량	**토(toe) 불량으로 타이로드 길이 조정 후 재점검**	
토(Toe)	**OUT 7mm**	**IN OUT 5mm 이내**			

② 캐스터가 규정값 범위(+1.42~+3.42°)를 벗어났고, 토(Toe)는 규정값 범위(IN 5mm~0mm~OUT 5mm) 이내인 경우

측정 항목	① 측정(또는 점검)		② 판정 및 정비(또는 조치)사항		득 점
	측정값	규정(정비한계)값	판 정 (□에 "v"표)	정비 및 조치사항	
캐스터	**+1.2°**	**+2.42±1°**	□ 양 호 ☑ 불 량	**캐스터 불량으로 프레임 수정 후 재점검**	
토(Toe)	**IN 3mm**	**IN OUT 5mm 이내**			

③ 캐스터가 규정값 범위(+1.42~+3.42°)를 벗어났고, 토(Toe)도 규정값 범위(IN 5mm~0mm~OUT 5mm)를 벗어난 경우

측정 항목	① 측정(또는 점검)		② 판정 및 정비(또는 조치)사항		득 점
	측정값	규정(정비한계)값	판 정 (□에 "v"표)	정비 및 조치사항	
캐스터	**+4.63°**	**+2.42±1°**	□ 양 호 ☑ 불 량	**먼저 프레임 수정하여 캐스터각을 재점검한 후 타이로드 길이를 조정하여 토(Toe)를 재점검**	
토(Toe)	**OUT 6mm**	**IN OUT 5mm 이내**			

TIP

- 일반적으로 IN이 + 또는 좌측, OUT이 - 또는 우측을 의미합니다.
- 측정값 작성 시 반드시 규정값에 제시한 부호와 단위로 작성합니다.(예 -0.6° 또는 IN 3mm)
- 캐스터, 토(Toe) 둘 중 하나라도 불량이면 판정은 불량입니다.

참 고

일반적인 캐스터, 토(Toe) 불량 시 정비 및 조치사항

구분	캐스터 불량 시	토(Toe) 불량 시
맥퍼슨 형식	프레임 수정 후 재점검	타이로드 길이 조정 후 재점검
더블 위시본 형식 (프레임 바디)	간극 심을 삽입 또는 배출하여 각도 조정 후 재점검	

※ 캐스터, 토(Toe) 동시에 불량일 경우 먼저 캐스터를 조정한 후 토(Toe)를 조정합니다.

※ 시험 시, 주어진 자동차의 현가방식과 고장상태를 확인 후 정비 및 조치사항을 작성하는 것이 가장 정확합니다.

시험안 6, 13

클러치 페달 자유간극 및 페달높이 측정

주어진 자동차의 클러치에서 페달 자유간극을 측정하여 기록표에 기록한 후, 페달 자유간극과 페달 높이가 규정값이 되도록 조정하시오.

답안지작성법

1. 양호

자유간극이 규정값 범위 이내이고, 페달높이도 규정값 범위 이내인 경우

측정 항목	① 측정(또는 점검)		② 판정 및 정비(또는 조치)사항		득 점
	측정값	규정(정비한계)값	판 정 (□ 에 "v"표)	정비 및 조치사항	
자유간극	**9mm**	**6~13mm**	☑ 양 호 □ 불 량	**정비 및 조치사항 없음**	
페달높이	**128mm**	**125~130mm**			

2. 불량

① 자유간극이 규정값 범위 이내이고, 페달높이가 규정값 범위 미만(125mm 미만)인 경우

측정 항목	① 측정(또는 점검)		② 판정 및 정비(또는 조치)사항		득 점
	측정값	규정(정비한계)값	판 정 (□ 에 "v"표)	정비 및 조치사항	
자유간극	**7mm**	**6~13mm**	□ 양 호 ☑ 불 량	**클러치 페달 스토퍼 길이를 조정하여 페달높이를 재점검한 후 클러치 페달 푸시로드 길이를 조정하여 페달 자유간극을 재점검**	
페달높이	**116mm**	**125~130mm**			

② 자유간극이 규정값 범위 이내이고, 페달높이가 규정값 범위 초과(130mm 초과)인 경우

측정 항목	① 측정(또는 점검)		② 판정 및 정비(또는 조치)사항		득 점
	측정값	규정(정비한계)값	판 정 (□ 에 "v"표)	정비 및 조치사항	
자유간극	**6mm**	**6~13mm**	□ 양 호 ☑ 불 량	**클러치 페달 스토퍼 길이를 조정하여 페달높이를 재점검한 후 클러치 페달 푸시로드 길이를 조정하여 페달 자유간극을 재점검**	
페달높이	**134mm**	**125~130mm**			

③ 자유간극이 규정값 범위 미만(6mm 미만)이고, 페달높이가 규정값 범위 이내인 경우

측정 항목	① 측정(또는 점검)		② 판정 및 정비(또는 조치)사항		득 점
	측정값	규정(정비한계)값	판 정 (□ 에 "v"표)	정비 및 조치사항	
자유간극	4mm	6~13mm	□ 양 호 ☑ 불 량	**클러치 페달 푸시로드 길이를 조정하여 페달 자유간극을 재점검**	
페달높이	127mm	125~130mm			

④ 자유간극이 규정값 범위 초과(13mm 초과)이고, 페달높이가 규정값 범위 이내인 경우

측정 항목	① 측정(또는 점검)		② 판정 및 정비(또는 조치)사항		득 점
	측정값	규정(정비한계)값	판 정 (□ 에 "v"표)	정비 및 조치사항	
자유간극	15mm	6~13mm	□ 양 호 ☑ 불 량	**클러치 페달 푸시로드 길이를 조정하여 페달 자유간극을 재점검**	
페달높이	128mm	125~130mm			

⑤ 자유간극이 규정값 범위 미만(6mm 미만)이고, 페달높이도 규정값 범위 미만(125mm 미만)인 경우

측정 항목	① 측정(또는 점검)		② 판정 및 정비(또는 조치)사항		득 점
	측정값	규정(정비한계)값	판 정 (□ 에 "v"표)	정비 및 조치사항	
자유간극	3mm	6~13mm	□ 양 호 ☑ 불 량	**클러치 페달 스토퍼 길이를 조정하여 페달높이를 재점검한 후 클러치 페달 푸시로드 길이를 조정하여 페달 자유간극을 재점검**	
페달높이	107mm	125~130mm			

⑥ 자유간극이 규정값 범위 미만(6mm 미만)이고, 페달높이가 규정값 범위 초과(130mm 초과)인 경우

측정 항목	① 측정(또는 점검)		② 판정 및 정비(또는 조치)사항		득 점
	측정값	규정(정비한계)값	판 정 (□ 에 "v"표)	정비 및 조치사항	
자유간극	2mm	6~13mm	□ 양 호 ☑ 불 량	**클러치 페달 스토퍼 길이를 조정하여 페달높이를 재점검한 후 클러치 페달 푸시로드 길이를 조정하여 페달 자유간극을 재점검**	
페달높이	140mm	125~130mm			

⑦ 자유간극이 규정값 범위 초과(13mm 초과)이고, 페달높이가 규정값 범위 미만(125mm 미만)인 경우

측정 항목	① 측정(또는 점검)		② 판정 및 정비(또는 조치)사항		득 점
	측정값	규정(정비한계)값	판 정 (□ 에 "V"표)	정비 및 조치사항	
자유간극	19mm	6~13mm	□ 양 호 ☑ 불 량	**클러치 페달 스토퍼 길이를 조정하여 페달높이를 재점검한 후 클러치 페달 푸시로드 길이를 조정하여 페달 자유간극을 재점검**	
페달높이	112mm	125~130mm			

⑧ 자유간극이 규정값 범위 초과(13mm 초과)이고, 페달높이도 규정값 범위 초과(130mm 초과)인 경우

측정 항목	① 측정(또는 점검)		② 판정 및 정비(또는 조치)사항		득 점
	측정값	규정(정비한계)값	판 정 (□ 에 "V"표)	정비 및 조치사항	
자유간극	14mm	6~13mm	□ 양 호 ☑ 불 량	**클러치 페달 스토퍼 길이를 조정하여 페달높이를 재점검한 후 클러치 페달 푸시로드 길이를 조정하여 페달 자유간극을 재점검**	
페달높이	131mm	125~130mm			

TIP

- 클러치 페달 자유간극, 페달높이 측정은 엔진 시동과 관계없습니다.
- 페달높이를 조정하기 위해 스토퍼 길이를 조정하면 자유간극도 불량해지기 때문에 페달높이 불량 시에는 클러치 페달 스토퍼 길이를 조정하여 페달높이를 재점검한 후 클러치 페달 푸시로드 길이도 다시 조정하여 페달 자유간극을 재점검합니다.
- 자유간극, 페달높이 둘 중 하나라도 불량이면 판정은 불량입니다.

시험안 1~14

전(앞) 또는 후(뒤) 제동력 측정

※ 본 문제는 검사항목으로서 감독위원이 기준값을 제시하지 않습니다.

> 3항의 작업 자동차에서 감독위원의 지시에 따라 전(앞) 또는 후(뒤) 제동력을 측정하여 기록표에 기록하시오.

답안지작성법

소수점 첫째자리 이하 버림을 제시한 경우

1. 양호

① 앞 제동력 합이 기준값 범위이고, 앞 제동력 편차도 기준값 범위 이내인 경우

① 측정(또는 점검)					② 판정 및 정비(또는 조치) 사항		득 점
위 치	구 분	측정값	기준값		판 정 (□ 에 "v"표)	정비 및 조치사항	
			제동력 합	편 차			
☑ 앞 □ 뒤 (□ 에 "v"표)	좌	200kgf	앞축중의 50% 이상	앞축중의 8% 이하	☑ 양 호 □ 불 량	정비 및 조치사항 없음	
	우	180kgf					

[판정 산출근거]

- 앞 축중 : 400kgf, 뒤 축중 : 300kgf
- 제동력 합 $\Rightarrow \frac{\text{좌제동력} + \text{우제동력}}{\text{해당축중}} \times 100 = \frac{200\text{kgf} + 180\text{kgf}}{400\text{kgf}} \times 100 = 95\%$
- 제동력 편차 $\Rightarrow \frac{|\text{좌제동력} - \text{우제동력}|}{\text{해당축중}} \times 100 = \frac{|200\text{kgf} - 180\text{kgf}|}{400\text{kgf}} \times 100 = 5\%$

② 뒤 제동력 합이 기준값 범위이고, 뒤 제동력 편차도 기준값 범위 이내인 경우

① 측정(또는 점검)					② 판정 및 정비(또는 조치) 사항		득 점
위 치	구 분	측정값	기준값		판 정 (□ 에 "v"표)	정비 및 조치사항	
			제동력 합	편 차			
□ 앞 ☑ 뒤 (□ 에 "v"표)	좌	100kgf	뒤축중의 20% 이상	뒤축중의 8% 이하	☑ 양 호 □ 불 량	정비 및 조치사항 없음	
	우	120kgf					

[판정 산출근거]

- 앞 축중 : 550kgf, 뒤 축중 : 450kgf
- 제동력 합 $\Rightarrow \frac{좌제동력 + 우제동력}{해당축중} \times 100 = \frac{100kgf + 120kgf}{450kgf} \times 100 \approx 48\%$
- 제동력 편차 $\Rightarrow \frac{|좌제동력 - 우제동력|}{해당축중} \times 100 = \frac{|100kgf - 120kgf|}{450kgf} \times 100 \approx 4\%$

2. 불량

① 앞 제동력 합이 기준값 범위 미만(50% 미만)이고, 앞 제동력 편차가 기준값 범위 이내인 경우

① 측정(또는 점검)					② 판정 및 정비(또는 조치) 사항		득 점
위 치	구 분	측정값	기준값		판 정 (□ 에 "v"표)	정비 및 조치사항	
			제동력 합	편 차			
☑ 앞 □ 뒤 (□ 에 "v"표)	좌	60kgf	앞축중의 50% 이상	앞축중의 8% 이하	□ 양 호 ☑ 불 량	브레이크 패드 교환 후 재점검(캘리퍼 타입) 또는 브레이크 라이닝 교환 후 재점검(드럼 타입)	
	우	80kgf					

[판정 산출근거]

- 앞 축중 : 300kgf, 뒤 축중 : 200kgf
- 제동력 합 $\Rightarrow \frac{좌제동력 + 우제동력}{해당축중} \times 100 = \frac{60kgf + 80kgf}{300kgf} \times 100 \approx 46\%$
- 제동력 편차 $\Rightarrow \frac{|좌제동력 - 우제동력|}{해당축중} \times 100 = \frac{|60kgf - 80kgf|}{300kgf} \times 100 \approx 6\%$

② 앞 제동력 합이 기준값 범위이고, 앞 제동력 편차가 기준값 범위 초과(8% 초과)인 경우

① 측정(또는 점검)					② 판정 및 정비(또는 조치) 사항		득 점
위 치	구 분	측정값	기준값		판정 (□ 에 "v"표)	정비 및 조치사항	
			제동력 합	편 차			
☑ 앞 □ 뒤 (□ 에 "v"표)	좌	60kgf	앞축중의 50% 이상	앞축중의 8% 이하	□ 양 호 ☑ 불 량	브레이크 패드 교환 후 재점검(캘리퍼 타입) 또는 브레이크 라이닝 교환 후 재점검(드럼 타입)	
	우	140kgf					

[판정 산출근거]

- 앞 축중 : 400kgf, 뒤 축중 : 300kgf
- 제동력 합 $\Rightarrow \frac{좌제동력 + 우제동력}{해당축중} \times 100 = \frac{60kgf + 140kgf}{400kgf} \times 100 = 50\%$
- 제동력 편차 $\Rightarrow \frac{|좌제동력 - 우제동력|}{해당축중} \times 100 = \frac{|60kgf - 140kgf|}{400kgf} \times 100 = 20\%$

③ 앞 제동력 합이 기준값 범위 미만(50% 미만)이고, 앞 제동력 편차가 기준값 범위 초과(8% 초과)인 경우

① 측정(또는 점검)					② 판정 및 정비(또는 조치) 사항		득 점
위 치	구 분	측정값	기준값: 제동력 합	기준값: 편 차	판 정 (□ 에 "v"표)	정비 및 조치사항	
☑ 앞 □ 뒤 (□ 에 "v"표)	좌	50kgf	앞축중의 50% 이상	앞축중의 8% 이하	□ 양 호 ☑ 불 량	브레이크 패드 교환 후 재점검(캘리퍼 타입) 또는 브레이크 라이닝 교환 후 재점검(드럼 타입)	
	우	80kgf					

[판정 산출근거]

- 앞 축중 : 300kgf, 뒤 축중 : 200kgf
- 제동력 합 $\Rightarrow \frac{\text{좌제동력} + \text{우제동력}}{\text{해당축중}} \times 100 = \frac{50\text{kgf} + 80\text{kgf}}{300\text{kgf}} \times 100 \approx 43\%$
- 제동력 편차 $\Rightarrow \frac{|\text{좌제동력} - \text{우제동력}|}{\text{해당축중}} \times 100 = \frac{|50\text{kgf} - 80\text{kgf}|}{300\text{kgf}} \times 100 = 10\%$

④ 뒤 제동력 합이 기준값 범위 미만(20% 미만)이고, 뒤 제동력 편차가 기준값 범위 이내인 경우

① 측정(또는 점검)					② 판정 및 정비(또는 조치) 사항		득 점
위 치	구 분	측정값	기준값: 제동력 합	기준값: 편 차	판정 (□ 에 "v"표)	정비 및 조치사항	
□ 앞 ☑ 뒤 (□ 에 "v"표)	좌	30kgf	뒤축중의 20% 이상	뒤축중의 8% 이하	□ 양 호 ☑ 불 량	브레이크 패드 교환 후 재점검(캘리퍼 타입) 또는 브레이크 라이닝 교환 후 재점검(드럼 타입)	
	우	40kgf					

[판정 산출근거]

- 앞 축중 : 500kgf, 뒤 축중 : 400kgf
- 제동력 합 $\Rightarrow \frac{\text{좌제동력} + \text{우제동력}}{\text{해당축중}} \times 100 = \frac{30\text{kgf} + 40\text{kgf}}{400\text{kgf}} \times 100 \approx 17\%$
- 제동력 편차 $\Rightarrow \frac{|\text{좌제동력} - \text{우제동력}|}{\text{해당축중}} \times 100 = \frac{|30\text{kgf} - 40\text{kgf}|}{400\text{kgf}} \times 100 \approx 2\%$

⑤ 뒤 제동력 합이 기준값 범위이고, 뒤 제동력 편차가 기준값 범위 초과(8% 초과)인 경우

① 측정(또는 점검)					② 판정 및 정비(또는 조치) 사항		득 점
위 치	구 분	측정값	기준값: 제동력 합	기준값: 편 차	판 정 (□ 에 "v"표)	정비 및 조치사항	
□ 앞 ☑ 뒤 (□ 에 "v"표)	좌	80kgf	뒤축중의 20% 이상	뒤축중의 8% 이하	□ 양 호 ☑ 불 량	브레이크 패드 교환 후 재점검(캘리퍼 타입) 또는 브레이크 라이닝 교환 후 재점검(드럼 타입)	
	우	50kgf					

[판정 산출근거]

- 앞 축중 : 400kgf, 뒤 축중 : 300kgf
- 제동력 합 ⇒ $\frac{\text{좌제동력} + \text{우제동력}}{\text{해당축중}} \times 100 = \frac{80\text{kgf} + 50\text{kgf}}{300\text{kgf}} \times 100 \approx 43\%$
- 제동력 편차 ⇒ $\frac{|\text{좌제동력} - \text{우제동력}|}{\text{해당축중}} \times 100 = \frac{|80\text{kgf} - 50\text{kgf}|}{300\text{kgf}} \times 100 = 10\%$

⑥ 뒤 제동력 합이 기준값 범위 미만(20% 미만)이고, 뒤 제동력 편차가 기준값 범위 초과(8% 초과)인 경우

① 측정(또는 점검)					② 판정 및 정비(또는 조치) 사항		득 점
위 치	구 분	측정값	기준값		판정 (□ 에 "v"표)	정비 및 조치사항	
			제동력 합	편 차			
□ 앞 ☑ 뒤 (□ 에 "v"표)	좌	**10kgf**	**뒤축중의 20% 이상**	**뒤축중의 8% 이하**	□ 양 호 ☑ 불 량	**브레이크 패드 교환 후 재점검(캘리퍼 타입) 또는 브레이크 라이닝 교환 후 재점검(드럼 타입)**	
	우	**50kgf**					

[판정 산출근거]

- 앞 축중 : 500kgf, 뒤 축중 : 400kgf
- 제동력 합 ⇒ $\frac{\text{좌제동력} + \text{우제동력}}{\text{해당축중}} \times 100 = \frac{10\text{kgf} + 50\text{kgf}}{400\text{kgf}} \times 100 = 15\%$
- 제동력 편차 ⇒ $\frac{|\text{좌제동력} - \text{우제동력}|}{\text{해당축중}} \times 100 = \frac{|10\text{kgf} - 50\text{kgf}|}{400\text{kgf}} \times 100 = 10\%$

TIP

- 측정값 계산 시 소수점 처리는 감독위원이 제시한 조건을 따릅니다. 만약, 소수점 처리에 대한 언급이 없다면 계산한 값을 그대로 작성합니다.
- 기준값 작성 시 '앞 축중의' 또는 '뒤 축중의', '이상 또는 이하'를 빠뜨리지 않고 작성합니다.
- 제동력 합, 편차 둘 중 하나라도 불량이면 판정은 불량입니다.
- 일반적으로 제동력 불량 시 정비 및 조치사항은 브레이크 패드 교환 후 재점검(캘리퍼 타입) 또는 브레이크 라이닝 교환 후 재점검(드럼 타입)으로 작성합니다.

참 고

- 시험 시, 주어진 자동차의 고장상태를 확인 후 정비 및 조치사항을 작성하는 것이 가장 정확합니다.
- '제동력 편차·합 산출근거'는 암기하세요.
- 제동력 편차·합 산출근거

구분	제동력 위치	기준값		공식
합	앞	앞 축중의	50% 이상	$\frac{\text{좌제동력} + \text{우제동력}}{\text{해당축중}} \times 100$
	뒤	뒤 축중의	20% 이상	
편차	앞	앞 축중의	8% 이하	$\frac{|\text{좌제동력} - \text{우제동력}|}{\text{해당축중}} \times 100$
	뒤	뒤 축중의		

시험안 1, 3, 5, 7, 9, 11, 13

자동변속기 시스템 점검

주어진 자동차의 자동변속기에서 자기진단기(스캐너)를 이용하여 각종 센서 및 시스템 작동 상태를 점검하고 기록표에 기록하시오.

답안지작성법

유온센서 불량의 경우

불량

① 자기진단 항목에서 고장코드가 뜨고, 센서출력(또는 서비스데이터) 항목에서 측정값이 계속 변하지 않고 특정한 값으로 고정되어 나오고, 육안검사 시 센서(액추에이터) 커넥터가 탈거된 경우

측정 항목	① 측정(또는 점검)		② 판정 및 정비(또는 조치)사항		득 점
	측정값	규정(정비한계)값	판 정 (□에 "v"표)	정비 및 조치사항	
자동변속기 점검	**-25.0℃/공회전 시**	**50~60℃/공회전 시**	□ 양 호 ☑ 불 량	**유온센서 커넥터 결합 후 과거 기억소거 후 재점검**	

[점검조건]

- 자기진단 항목에서 뜨는 고장코드 : C0720 자동변속기 오일 온도센서 "A"이상-신호값 높음
- 센서출력(또는 서비스데이터) 항목에서 뜨는 측정값(공회전 상태에서 측정) : -25.0℃

② 자기진단 항목에서 고장코드가 뜨고, 센서출력(또는 서비스데이터) 항목에서 측정값이 계속 변하지 않고 특정한 값으로 고정되어 나오거나 규정값 범위를 벗어났지만 센서(액추에이터) 커넥터가 결합되어 있는 경우

측정 항목	① 측정(또는 점검)		② 판정 및 정비(또는 조치)사항		득 점
	측정값	규정(정비한계)값	판 정 (□에 "v"표)	정비 및 조치사항	
자동변속기 점검	**-25.0℃/공회전 시**	**50~60℃/공회전 시**	□ 양 호 ☑ 불 량	**유온센서 교환 후 과거 기억소거 후 재점검**	

[점검조건]

- 자기진단 항목에서 뜨는 고장코드 : C0720 자동변속기 오일 온도센서 "A"이상-신호값 높음

• 센서출력(또는 서비스데이터) 항목에서 뜨는 측정값(공회전 상태에서 측정) : −25.0℃

TIP

유온센서 등 다른 센서(액추에이터)도 커넥터가 탈거되면 단선된 것과 같으므로 TTL · CMOS 전원전압이 측정되거나 페일 세이프에 의해 특정한 값이 고정되어 측정됩니다.
(예 유온센서 : -40.0℃, 펄스제네레이터 A,B : 0rpm 등)

시험안 2, 4, 6, 8, 10, 12, 14

ABS 시스템 점검

주어진 자동차에서 감독위원의 지시에 따라 진단기(스캐너)로 전자제어 제동장치(ABS)를 점검하고, 기록·판정하시오.

답안지작성법

G-센서 불량의 경우

불량

① 자기진단 항목에서 고장코드가 뜨고, 센서출력(또는 서비스데이터) 항목에서 측정값이 계속 변하지 않고 특정한 값으로 고정되어 나오고, 육안검사 시 센서(엑추에이터) 커넥터가 탈거된 경우

측정 항목	① 측정(또는 점검)		② 판정 및 정비(또는 조치)사항		득 점
	측정값	규정(정비한계)값	판 정 (□에 "v"표)	정비 및 조치사항	
ABS 점검	**-2.00G/공회전 시**	**0.01~0.05G/ 공회전 시**	□ 양 호 ☑ 불 량	**G-센서 커넥터 결합 후 과거기억 소거 후 재점검**	

[점검조건]

- 자기진단 항목에서 뜨는 고장코드 : C0704 G-센서 신호 이상
- 센서출력(또는 서비스데이터) 항목에서 뜨는 측정값(공회전 상태에서 측정) : -2.00G

② 자기진단 항목에서 고장코드가 뜨고, 센서출력(또는 서비스데이터) 항목에서 측정값이 계속 변하지 않고 특정한 값으로 고정되어 나오거나 규정값 범위를 벗어났지만 센서(엑추에이터) 커넥터가 결합되어 있는 경우

측정 항목	① 측정(또는 점검)		② 판정 및 정비(또는 조치)사항		득 점
	측정값	규정(정비한계)값	판 정 (□에 "v"표)	정비 및 조치사항	
ABS 점검	**-2.00G/공회전시**	**0.01~0.05G/ 공회전시**	□ 양 호 ☑ 불 량	**G-센서 교환 후 과거기억 소거 후 재점검**	

[점검조건]

- 자기진단 항목에서 뜨는 고장코드 : C0704 G-센서 신호 이상

• 센서출력(또는 서비스데이터) 항목에서 뜨는 측정값(공회전 상태에서 측정) : −2.00G

TIP

- G-센서 등 다른 센서(엑추에이터)도 커넥터가 탈거되면 단선된 것과 같으므로 TTL·CMOS 전원전압이 측정되거나 페일 세이프에 의해 특정한 값이 고정되어 측정됩니다.

시험안 1, 3, 12, 14

크랭킹 시 전압강하 및 소모전류 점검

※ 본 문제는 감독위원이 소모전류 규정(정비한계)값을 제시하지 않습니다.

감독위원의 지시에 따라 주어진 자동차에서 시동모터를 탈거한 후(감독위원에게 확인) 다시 부착하여 작동 상태를 확인하고, 크랭킹 시 전류소모 및 전압강하 시험을 하여 기록표에 기록하시오.

답안지작성법

멀티미터 및 후크미터로 12V 60AH 배터리가 장착된 자동차를 점검하는 경우

1. 양호

전압강하가 규정값 범위이고, 소모전류도 규정값 범위 이내(180A 이하)인 경우

측정 항목	① 측정(또는 점검)		② 판정 및 정비(또는 조치)사항		득 점
	측정값	규정(정비한계)값	판 정 (□에 "v"표)	정비 및 조치사항	
전압강하	**11.9V**	**10.6V 이상**	☑ 양 호 □ 불 량	**정비 및 조치사항 없음**	
소모전류	**70A**	<u>전류소모 규정값 산출근거 기록</u> **축전지 용량의 3배 이하이므로, 60A×3⇒180A 이하**			

2. 불량

① 전압강하가 규정값 범위이고, 소모전류가 규정값 범위 초과(180A 초과)인 경우

측정 항목	① 측정(또는 점검)		② 판정 및 정비(또는 조치)사항		득 점
	측정값	규정(정비한계)값	판 정 (□에 "v"표)	정비 및 조치사항	
전압강하	**11.7V**	**10.6V 이상**	□ 양 호 ☑ 불 량	**소모전류 불량으로 시동모터 교환 후 재점검**	
소모전류	**200A**	<u>전류소모 규정값 산출근거 기록</u> **축전지 용량의 3배 이하이므로, 60A×3⇒180A 이하**			

② 전압강하가 규정값 범위 미만(10.6V 미만)이고, 소모전류가 규정값 범위 이내(180A 이하)인 경우

<table>
<tr><th rowspan="2">측정 항목</th><th colspan="2">① 측정(또는 점검)</th><th colspan="2">② 판정 및 정비(또는 조치)사항</th><th rowspan="2">득 점</th></tr>
<tr><th>측정값</th><th>규정(정비한계)값</th><th>판 정
(□에 "v"표)</th><th>정비 및 조치사항</th></tr>
<tr><td>전압강하</td><td>10.3V</td><td>10.6V 이상</td><td rowspan="2">□ 양 호
☑ 불 량</td><td rowspan="2">전압강하 불량으로
배터리 교환 후 재점검</td><td rowspan="2"></td></tr>
<tr><td>소모전류</td><td>60A</td><td><u>전류소모 규정값 산출근거 기록</u>
축전지 용량의 3배 이하이므로,
60A×3⇒180A 이하</td></tr>
</table>

TIP

- 주어진 자동차의 배터리 용량을 확인한 후 '규정(정비한계)값'을 작성하세요. 소모전류 규정값 범위는 축전지 용량의 3배 이하입니다.
- 전류 점검 전 테스터기의 영점을 조정합니다.
- 일반적으로 크랭킹 후 약 2~3초 뒤에 나오는 안정된 전압 및 전류값을 측정합니다.
- 전압강하, 소모전류 둘 중 하나라도 불량이면 판정은 불량입니다.
- 일반적으로 전압강하가 규정값 범위보다 낮으면 배터리 교환 후 재점검, 소모전류가 규정값 범위보다 낮으면 배터리 교환 후 재점검, 소모전류가 규정값 범위보다 높으면 시동모터 교환 후 재점검으로 작성합니다.

시험안 2

발전기 발전 전압 및 전류 점검

감독위원의 지시에 따라 주어진 자동차에서 발전기를 탈거한 후(감독위원에게 확인) 다시 부착하여 작동 상태를 확인하고, 발전 전압 및 전류를 점검을 하여 기록표에 기록하시오.

답안지작성법

후크미터 및 멀티미터로 공회전 시, 비발전제어 타입 발전기(12V 80A)를 점검하는 경우

1. 양호

발전 전압과 발전 전류 둘 다 규정값 범위 이내인 경우

측정 항목	① 측정(또는 점검)		② 판정 및 정비(또는 조치)사항		득 점
	측정값	규정(정비한계)값	판 정 (□에 "v"표)	정비 및 조치사항	
발전 전압	**14.2V/공회전 시**	**13.5~14.7V/공회전 시**	☑ 양 호	**정비 및 조치사항 없음**	
발전 전류	**4.7A/공회전 시**	**3~5A/공회전 시**	□ 불 량		

2. 불량

① 발전 전압이 규정값 범위 미만(13.5V 미만/공회전 시)이고, 발전 전류도 규정값 범위 미만(3A 미만/공회전 시)인 경우

측정 항목	① 측정(또는 점검)		② 판정 및 정비(또는 조치)사항		득 점
	측정값	규정(정비한계)값	판 정 (□에 "v"표)	정비 및 조치사항	
발전 전압	**12.8V/공회전 시**	**13.5~14.7V/공회전 시**	□ 양 호	**발전기 교환 후 재점검**	
발전 전류	**1.4A/공회전 시**	**3~5A/공회전 시**	☑ 불 량		

② 발전 전압이 규정값 범위 초과(14.7V 초과/공회전 시)이고, 발전 전류도 규정값 범위 초과(5A 초과/공회전 시)인 경우

측정 항목	① 측정(또는 점검)		② 판정 및 정비(또는 조치)사항		득 점
	측정값	규정(정비한계)값	판 정 (□에 "v"표)	정비 및 조치사항	
발전 전압	**15.6V/공회전 시**	**13.5~14.7V/공회전 시**	□ 양 호	**발전기 교환 후 재점검 또는 발전기 레귤레이터 교환 후 재점검**	
발전 전류	**7.8A/공회전 시**	**3~5A/공회전 시**	☑ 불 량		

TIP

- 발전 전압은 발전기 L단자에서 측정하는 것이 가장 정확합니다.
- 발전 전류 점검 전 테스터기의 영점을 조정합니다.
- 측정값 작성 시 반드시 규정값에 제시한 단위와 측정조건을 빠뜨리지 않고 작성합니다 (예 7.8A/공회전 시).
- 발전 전류, 발전 전압 둘 중 하나라도 불량이면 판정은 불량입니다.

참 고

- 일반적으로 감독위원은 측정조건에 대해 엔진 회전수 영역만 제시합니다. 전기부하에 대해 별도로 언급하지 않더라도 감독위원이 제시하는 엔진 회전수 영역에서 모든 전기부하를 작동한 상태로 측정합니다.
- 만약, 비발전제어 타입 발전기의 경우 별도로 측정조건에 대해 언급이 없다면 엔진 회전수 약 2,000rpm에서 모든 전기부하를 작동한 상태에서 측정합니다.

시험안 4, 13

발전기 정류 다이오드 및 로터 코일 상태 점검

주어진 발전기를 분해한 후 정류 다이오드 및 로터 코일의 상태를 점검하여 기록표에 기록하고 다시 본래대로 조립하여 작동 상태를 확인하시오.

답안지작성법

1. 양호

다이오드(+)가 6개 모두 양호하고, 다이오드(−)도 6개 모두 양호하고, 로터코일이 규정값 범위 이내인 경우

측정 항목	① 측정(또는 점검)		② 판정 및 정비(또는 조치)사항		득 점
	측정값	규정(정비한계)값	판 정 (□에 "v"표)	정비 및 조치사항	
다이오드(+)	(양 : 6개), (부 : 0개)		☑ 양 호 □ 불 량	**정비 및 조치사항 없음**	
다이오드(−)	(양 : 6개), (부 : 0개)				
로터코일	**4.3Ω/20℃**	**3~5Ω/20℃**			

2. 불량

① 다이오드(+)가 6개 모두 양호하고, 다이오드(−)는 1개 불량하고, 로터코일이 규정값 범위 이내인 경우

측정 항목	① 측정(또는 점검)		② 판정 및 정비(또는 조치)사항		득 점
	측정값	규정(정비한계)값	판 정 (□에 "v"표)	정비 및 조치사항	
다이오드(+)	(양 : 6개), (부 : 0개)		□ 양 호 ☑ 불 량	**발전기 다이오드(−) 교환 후 재점검**	
다이오드(−)	(양 : 5개), (부 : 1개)				
로터코일	**3.5Ω/20℃**	**3~5Ω/20℃**			

② 다이오드(+)가 2개 불량하고, 다이오드(−)는 6개 모두 양호하고, 로터코일이 규정값 범위 이내인 경우

측정 항목	① 측정(또는 점검)		② 판정 및 정비(또는 조치)사항		득 점
	측정값	규정(정비한계)값	판 정 (□에 "v"표)	정비 및 조치사항	
다이오드(+)	(양 : **4**개), (부 : **2**개)		□ 양 호 ☑ 불 량	**발전기 다이오드(+) 교환 후 재점검**	
다이오드(−)	(양 : **6**개), (부 : **0**개)				
로터코일	**4.1Ω/20℃**	**3~5Ω/20℃**			

③ 다이오드(+)가 6개 모두 양호하고, 다이오드(−)도 6개 모두 양호하고, 로터코일이 규정값 범위를 벗어난 경우

측정 항목	① 측정(또는 점검)		② 판정 및 정비(또는 조치)사항		득 점
	측정값	규정(정비한계)값	판 정 (□에 "v"표)	정비 및 조치사항	
다이오드(+)	(양 : **6**개), (부 : **0**개)		□ 양 호 ☑ 불 량	**발전기 로터코일 교환 후 재점검**	
다이오드(−)	(양 : **6**개), (부 : **0**개)				
로터코일	**∞Ω/20℃**	**3~5Ω/20℃**			

④ 다이오드(+)가 3개 불량하고, 다이오드(−)는 1개 불량하고, 로터코일이 규정값 범위를 벗어난 경우

측정 항목	① 측정(또는 점검)		② 판정 및 정비(또는 조치)사항		득 점
	측정값	규정(정비한계)값	판 정 (□에 "v"표)	정비 및 조치사항	
다이오드(+)	(양 : **3**개), (부 : **3**개)		□ 양 호 ☑ 불 량	**발전기 다이오드(+)·(−), 로터코일 교환 후 재점검**	
다이오드(−)	(양 : **5**개), (부 : **1**개)				
로터코일	**8.9Ω/20℃**	**3~5Ω/20℃**			

TIP

- 다이오드(+) 6개, 다이오드(−) 6개입니다.
- 로터코일 측정값 작성 시 반드시 규정값에 제시한 단위와 측정조건을 빠뜨리지 않고 작성합니다(예 8.9Ω/20℃)
- 다이오드(+), 다이오드(−), 로터코일 셋 중 하나라도 불량이면 판정은 불량입니다.
- 다이오드(+) 및 다이오드(−) 점검결과, 각각 '부'가 1개 이상이면 불량입니다.

참 고

시험 시 다이오드 개수는 차종마다 다르므로 주어진 자동차의 정비지침서를 보고 판단하는 것이 가장 정확합니다.

시험안 5, 11

에어컨 압력 측정

주어진 자동차에서 에어컨 벨트와 블로어 모터를 교환(탈·부착)하여 실내로 공기가 순환되는지 확인하고 에어컨의 압력을 측정하여 기록표에 기록하시오.

답안지작성법

ECU에서 콤프레서를 제어하지 않는 타입의 경우

1. 양호

저압이 규정값 범위 이내이고, 고압도 규정값 범위 이내인 경우

측정 항목	① 측정(또는 점검)		② 판정 및 정비(또는 조치)사항		득 점
	측정값	규정(정비한계)값	판 정 (□에 "V"표)	정비 및 조치사항	
저 압	**2.0kgf/cm²**	**1.8~2.2kgf/cm²**	☑ 양 호 □ 불 량	**정비 및 조치사항 없음**	
고 압	**23kgf/cm²**	**20~24kgf/cm²**			

2. 불량

① 저압이 규정값 범위 이내이고, 고압이 규정값 범위 미만(20kgf/cm² 미만)인 경우

측정 항목	① 측정(또는 점검)		② 판정 및 정비(또는 조치)사항		득 점
	측정값	규정(정비한계)값	판 정 (□에 "V"표)	정비 및 조치사항	
저 압	**2.1kgf/cm²**	**1.8~2.2kgf/cm²**	□ 양 호 ☑ 불 량	**고압라인(콘덴서, 팽창밸브 등) 누설로 고압라인 교환 후 재점검 또는 컴프레서 교환 후 재점검**	
고 압	**13kgf/cm²**	**20~24kgf/cm²**			

② 저압이 규정값 범위 이내이고, 고압이 규정값 범위 초과(24kgf/cm² 초과)인 경우

측정 항목	① 측정(또는 점검)		② 판정 및 정비(또는 조치)사항		득 점
	측정값	규정(정비한계)값	판 정 (□에 "V"표)	정비 및 조치사항	
저 압	**1.9kgf/cm²**	**1.8~2.2kgf/cm²**	□ 양 호 ☑ 불 량	**고압라인(콘덴서, 팽창밸브 등) 내 막힘으로 고압라인 교환 후 재점검 또는 컴프레서 교환 후 재점검**	
고 압	**29kgf/cm²**	**20~24kgf/cm²**			

③ 저압이 규정값 범위 미만(1.8kgf/cm² 미만)이고, 고압이 규정값 범위 이내인 경우

측정 항목	① 측정(또는 점검)		② 판정 및 정비(또는 조치)사항		득 점
	측정값	규정(정비한계)값	판 정 (□에 "v"표)	정비 및 조치사항	
저 압	1.5kgf/cm²	1.8~2.2kgf/cm²	□ 양 호 ☑ 불 량	**저압라인 누설로 저압라인 교환 후 재점검 또는 컴프레서 교환 후 재점검**	
고 압	22kgf/cm²	20~24kgf/cm²			

④ 저압이 규정값 범위 초과(2.2kgf/cm² 초과)이고, 고압이 규정값 범위 이내인 경우

측정 항목	① 측정(또는 점검)		② 판정 및 정비(또는 조치)사항		득 점
	측정값	규정(정비한계)값	판 정 (□에 "v"표)	정비 및 조치사항	
저 압	4.6kgf/cm²	1.8~2.2kgf/cm²	□ 양 호 ☑ 불 량	**저압라인 내 막힘으로 저압라인 교환 후 재점검 또는 컴프레서 교환 후 재점검**	
고 압	20kgf/cm²	20~24kgf/cm²			

⑤ 저압이 규정값 범위 미만(1.8kgf/cm² 미만)이고, 고압이 규정값 범위 초과(24kgf/cm² 초과)인 경우

측정 항목	① 측정(또는 점검)		② 판정 및 정비(또는 조치)사항		득 점
	측정값	규정(정비한계)값	판 정 (□에 "v"표)	정비 및 조치사항	
저 압	1.5kgf/cm²	1.8~2.2kgf/cm²	□ 양 호 ☑ 불 량	**저압라인 누설로 저압라인 교환하고, 고압라인(콘덴서, 팽창밸브 등) 내 막힘으로 고압라인 교환 후 재점검 또는 컴프레서 교환 후 재점검**	
고 압	31kgf/cm²	20~24kgf/cm²			

⑥ 저압이 규정값 범위 초과(2.2kgf/cm² 초과)이고, 고압이 규정값 범위 미만(20kgf/cm² 미만)인 경우

측정 항목	① 측정(또는 점검)		② 판정 및 정비(또는 조치)사항		득 점
	측정값	규정(정비한계)값	판 정 (□에 "v"표)	정비 및 조치사항	
저 압	2.8kgf/cm²	1.8~2.2kgf/cm²	□ 양 호 ☑ 불 량	**저압라인 내 막힘으로 저압라인 교환하고, 고압라인(콘덴서, 팽창밸브 등) 누설로 고압라인 교환 후 재점검 또는 컴프레서 교환 후 재점검**	
고 압	16kgf/cm²	20~24kgf/cm²			

⑦ 저압이 규정값 범위 미만(1.8kgf/cm^2 미만)이고, 고압도 규정값 범위 미만(20kgf/cm^2 미만)인 경우

측정 항목	① 측정(또는 점검)		② 판정 및 정비(또는 조치)사항		득 점
	측정값	규정(정비한계)값	판 정 (□에 "v"표)	정비 및 조치사항	
저 압	**0.9kgf/cm^2**	**1.8~2.2kgf/cm^2**	□ 양 호 ☑ 불 량	**냉매량 부족으로 냉매 회수하여 규정량으로 맞춘 후 재점검 또는 컴프레서 교환 후 재점검**	
고 압	**10kgf/cm^2**	**20~24kgf/cm^2**			

⑧ 저압이 규정값 범위 초과(2.2kgf/cm^2 초과)이고, 고압도 규정값 범위 초과(24kgf/cm^2 초과)인 경우

측정 항목	① 측정(또는 점검)		② 판정 및 정비(또는 조치)사항		득 점
	측정값	규정(정비한계)값	판 정 (□에 "v"표)	정비 및 조치사항	
저 압	**3.4kgf/cm^2**	**1.8~2.2kgf/cm^2**	□ 양 호 ☑ 불 량	**냉매량 과다로 냉매 회수하여 규정량으로 맞춘 후 재점검 또는 컴프레서 교환 후 재점검**	
고 압	**30kgf/cm^2**	**20~24kgf/cm^2**			

TIP

◎ 저압, 고압 둘 중 하나라도 불량이면 판정은 불량입니다.

참 고

- 일반적으로 감독위원이 제시하는 측정조건에 따라 측정합니다.
- 만약, ECU에서 컴프레서를 제어하지 않는 타입의 경우 별도로 측정조건에 대해 언급이 없다면 엔진 시동 후 에어컨을 작동시켜 최저온도, 최고풍량으로 설정하고 엔진 회전수 약 2,000rpm에서 압력을 측정합니다.
- 일반적으로 시험 시 저압·고압라인을 구분하여 에어컨 냉매 회수기를 설치한 후 감독위원이 게이지상에 미리 띄워놓은 측정값을 그대로 작성하여 측정값에 따른 정비 및 조치사항을 작성합니다.

[일반적인 에어컨 라인 압력 불량 시 정비 및 조치사항]

고장 유형		정비 및 조치사항	
저압라인	낮 음	저압라인 누설로 저압라인 교환 후 재점검	또는 컴프레서 교환 후 재점검
	높 음	저압라인 막힘으로 저압라인 교환 후 재점검	
고압라인	낮 음	고압라인(콘덴서, 팽창밸브 등) 누설로 고압라인 교환 후 재점검	
	높 음	고압라인(콘덴서, 팽창밸브 등) 막힘으로 고압라인 교환 후 재점검	
저압·고압라인	낮 음	냉매량 부족으로 냉매 회수하여 규정량으로 맞춘 후 재점검	
	높 음	냉매량 과다로 냉매 회수하여 규정량으로 맞춘 후 재점검	

※ 시험 시, 주어진 자동차의 고장 상태를 확인 후 정비 및 조치사항을 작성하는 것이 가장 정확합니다.

시험안 6

시동모터 전기자 코일 및 솔레노이드(풀인, 홀드인) 상태 점검

주어진 시동모터를 분해한 후 전기자 코일 및 솔레노이드(풀인, 홀드인) 상태를 점검하여 기록표에 기록하고 다시 본래대로 조립하여 작동 상태를 확인하시오.

답안지작성법

그로울러 테스터기 및 멀티미터로 점검하는 경우

1. 양호

전기자 코일 단선·단락·접지 시험 모두 정상이고, 솔레노이드 풀인·홀드인 시험 시 둘 다 통전되는 경우

측정 항목		① 측정(또는 점검)	② 판정 및 정비(또는 조치)사항		득 점
			판 정 (□에 "v"표)	정비 및 조치사항	
전기자 코일 (단선, 단락, 접지)		**단선 : 점검 시 빨간색 램프가 꺼지지 않으므로 정상** **단락 : 점검 시 철자가 전기자에 달라붙지 않으므로 정상** **접지 : 점검 시 빨간색 램프가 켜지지 않으므로 정상**	☑ 양 호 □ 불 량	**정비 및 조치사항 없음**	
솔레노이드	풀 인	**ST단자, M단자가 서로 통전됨**			
	홀드인	**ST단자, 솔레노이드 몸체가 서로 통전됨**			

2. 불량

① 전기자 코일 단선 시험은 정상이고 단락·접지 시험이 비정상이며, 솔레노이드 풀인·홀드인 시험 시 둘 다 통전되는 경우

측정 항목		① 측정(또는 점검)	② 판정 및 정비(또는 조치)사항		득 점
			판 정 (□에 "v"표)	정비 및 조치사항	
전기자 코일 (단선, 단락, 접지)		**단선 : 점검 시 빨간색 램프가 꺼지지 않으므로 정상** **단락 : 점검 시 철자가 전기자에 달라붙으므로 비정상** **접지 : 점검 시 빨간색 램프가 켜지므로 비정상**	□ 양 호 ☑ 불 량	**전기자 코일 불량으로 전기자 코일 교환 후 재점검**	
솔레노이드	풀 인	**ST단자, M단자가 서로 통전됨**			
	홀드인	**ST단자, 솔레노이드 몸체가 서로 통전됨**			

② 전기자 코일 단선·단락·접지 시험 모두 정상이고, 솔레노이드 풀인 시험 시 통전되지 않고 홀드인 시험 시 통전되는 경우

측정 항목		① 측정(또는 점검)	② 판정 및 정비(또는 조치)사항		득 점
			판 정 (□에 "v"표)	정비 및 조치사항	
전기자 코일 (단선, 단락, 접지)		**단선 : 점검 시 빨간색 램프가 꺼지지 않으므로 정상** **단락 : 점검 시 철자가 전기자에 달라붙지 않으므로 정상** **접지 : 점검 시 빨간색 램프가 켜지지 않으므로 정상**	□ 양 호 ☑ 불 량	**솔레노이드 불량으로 솔레노이드 교환 후 재점검**	
솔레노이드	풀 인	**ST단자, M단자가 서로 통전 안 됨**			
	홀드인	**ST단자, 솔레노이드 몸체가 서로 통전됨**			

③ 전기자 코일 단선 시험이 비정상이고 단락 시험은 정상, 접지 시험이 비정상이며, 솔레노이드 풀인 시험 시 통전되고 홀드인 시험 시 통전되지 않는 경우

측정 항목		① 측정(또는 점검)	② 판정 및 정비(또는 조치)사항		득 점
			판 정 (□에 "v"표)	정비 및 조치사항	
전기자 코일 (단선, 단락, 접지)		**단선 : 점검 시 빨간색 램프가 꺼지므로 비정상** **단락 : 점검 시 철자가 전기자에 달라붙지 않으므로 정상** **접지 : 점검 시 빨간색 램프가 켜지므로 비정상**	□ 양 호 ☑ 불 량	**전기자 코일 및 솔레노이드 교환 후 재점검**	
솔레노이드	풀 인	**ST단자, M단자가 서로 통전됨**			
	홀드인	**ST단자, 솔레노이드 몸체가 서로 통전 안 됨**			

TIP

- 전기자 코일의 단선·단락·접지 시험, 솔레노이드의 풀인 시험, 홀드인 시험 중 하나라도 불량이면 판정은 불량입니다.

참 고

① 전기자 코일 점검
- 단선 시험 : 그로울러 테스터기의 검정색 프로브를 정류자편에 접0촉시켜 고정하고, 빨간색 프로브를 정류자편에 접촉하여 천천히 360° 회전시키면서 모든 정류자편에 접촉시킨다. 이때 빨간색 프로브가 정류자편에 접촉하는 동안 테스터기의 빨간색 불이 꺼지지 않으면 정상이다.
- 단락 시험 : 그로울러 테스터기 중앙의 빨간색 스위치를 ON하고 철자를 전기자 철편 위에 약간 띄운 후 전기자를 천천히 360° 회전시킨다. 이때 전기자를 회전시키는 동안 철자가 전기자 철편에 달라붙지 않으면 정상이다.
- 접지 시험 : 그로울러 테스터기의 검정색 프로브를 전기자 철편에 접촉시켜 고정하고, 빨간색 프로브를 정류자편에 접촉하여 천천히 360° 회전시키면서 모든 정류자편에 접촉시킨다. 이때 빨간색 프로브가 정류자편에 접촉하는 동안 테스터기의 빨간색 불이 켜지지 않으면 정상이다.

② 솔레노이드 점검
- 풀인 시험 : 멀티미터를 통전(또는 도통) 시험 레인지에 놓고 검정색 프로브와 빨간색 프로브 구분 없이 각각 솔레노이드의 ST단자와 M단자에 접촉시켜 통전되면 정상이다.
- 홀드인 시험 : 멀티미터를 통전(또는 도통) 시험 레인지에 놓고 검정색 프로브와 빨간색 프로브 구분 없이 각각 솔레노이드의 ST단자와 솔레노이드 몸체에 접촉시켜 통전되면 정상이다.

시험안 7

발전기 정류 다이오드 및 브러시 상태 점검

주어진 발전기를 분해한 후 정류 다이오드 및 브러시의 상태를 점검하여 기록표에 기록하고 다시 본래대로 조립하여 작동 상태를 확인하시오.

답안지작성법

1. 양호

다이오드(+)가 3개와 다이오드(-)가 3개, 다이오드(여자)가 3개가 모두 양호하고, 브러시 길이가 규정값 범위(8mm 이상)인 경우

측정 항목	① 측정(또는 점검)		② 판정 및 정비(또는 조치)사항		득 점
	판 정 (□에 "v"표)	정비 및 조치사항	판 정 (□에 "v"표)	정비 및 조치사항	
다이오드(+)	(양 : 3개), (부 : 0개)		☑ 양 호 □ 불 량	**정비 및 조치사항 없음**	
다이오드(-)	(양 : 3개), (부 : 0개)				
다이오드(여자)	(양 : 3개), (부 : 0개)				
브러시 마모	**11mm**				

※ 브러시 길이 규정값 범위 : 8mm 이상

2. 불량

① 다이오드(+)가 3개 모두 양호하고 다이오드(-)가 1개 불량하며, 다이오드(여자)가 3개 모두 양호하고 브러시 길이가 규정값 범위(8mm 이상)인 경우

측정 항목	① 측정(또는 점검)		② 판정 및 정비(또는 조치)사항		득 점
	판 정 (□에 "v"표)	정비 및 조치사항	판 정 (□에 "v"표)	정비 및 조치사항	
다이오드(+)	(양 : 3개), (부 : 0개)		□ 양 호 ☑ 불 량	**발전기 다이오드(-) 교환 후 재점검**	
다이오드(-)	(양 : 2개), (부 : 1개)				
다이오드(여자)	(양 : 3개), (부 : 0개)				
브러시 마모	**10mm**				

※ 브러시 길이 규정값 범위 : 8mm 이상

② 다이오드(+)가 1개 불량하고 다이오드(−)가 3개 모두 양호하며, 다이오드(여자)가 3개 모두 양호하고 브러시 길이가 규정값 범위(8mm 이상)인 경우

측정 항목	① 측정(또는 점검)		② 판정 및 정비(또는 조치)사항		득 점
	판 정 (□에 "v"표)	정비 및 조치사항	판 정 (□에 "v"표)	정비 및 조치사항	
다이오드(+)	(양 : 2개), (부 : 1개)		□ 양 호 ☑ 불 량	**발전기 다이오드(+) 교환 후 재점검**	
다이오드(−)	(양 : 3개), (부 : 0개)				
다이오드(여자)	(양 : 3개), (부 : 0개)				
브러시 마모	**10mm**				

※ 브러시 길이 규정값 범위 : 8mm 이상

③ 다이오드(+)가 3개 모두 양호하고 다이오드(−)가 3개 모두 양호하며, 다이오드(여자)가 2개 불량하고 브러시 길이가 규정값 범위(8mm 이상)인 경우

측정 항목	① 측정(또는 점검)		② 판정 및 정비(또는 조치)사항		득 점
	판 정 (□에 "v"표)	정비 및 조치사항	판 정 (□에 "v"표)	정비 및 조치사항	
다이오드(+)	(양 : 3개), (부 : 0개)		□ 양 호 ☑ 불 량	**발전기 다이오드(여자) 교환 후 재점검**	
다이오드(−)	(양 : 3개), (부 : 0개)				
다이오드(여자)	(양 : 1개), (부 : 2개)				
브러시 마모	**9mm**				

※ 브러시 길이 규정값 범위 : 8mm 이상

④ 다이오드(+)가 3개 모두 양호하고 다이오드(−)가 3개 모두 양호하며, 다이오드(여자)가 3개 모두 양호하고 브러시 길이가 규정값 범위 미만(8mm 미만)인 경우

측정 항목	① 측정(또는 점검)		② 판정 및 정비(또는 조치)사항		득 점
	판 정 (□에 "v"표)	정비 및 조치사항	판 정 (□에 "v"표)	정비 및 조치사항	
다이오드(+)	(양 : 3개), (부 : 0개)		□ 양 호 ☑ 불 량	**발전기 브러시 교환 후 재점검**	
다이오드(−)	(양 : 3개), (부 : 0개)				
다이오드(여자)	(양 : 3개), (부 : 0개)				
브러시 마모	**7.5mm**				

※ 브러시 길이 규정값 범위 : 8mm 이상

⑤ 다이오드(+)가 3개 모두 불량하고 다이오드(−)가 1개 불량하며, 다이오드(여자)가 1개 불량하고 브러시 길이가 규정값 범위 미만(8mm 미만)인 경우

<table>
<tr><th rowspan="2">측정 항목</th><th colspan="2">① 측정(또는 점검)</th><th colspan="2">② 판정 및 정비(또는 조치)사항</th><th rowspan="2">득 점</th></tr>
<tr><th>판 정
(□에 "v"표)</th><th>정비 및 조치사항</th><th>판 정
(□에 "v"표)</th><th>정비 및 조치사항</th></tr>
<tr><td>다이오드(+)</td><td colspan="2">(양 : 0개), (부 : 3개)</td><td rowspan="4">□ 양 호
☑ 불 량</td><td rowspan="4">발전기 다이오드(+)·(-)·(여자), 브러시 교환 후 재점검</td><td rowspan="4"></td></tr>
<tr><td>다이오드(-)</td><td colspan="2">(양 : 2개), (부 : 1개)</td></tr>
<tr><td>다이오드(여자)</td><td colspan="2">(양 : 2개), (부 : 1개)</td></tr>
<tr><td>브러시 마모</td><td colspan="2">6.8mm</td></tr>
</table>

※ 브러시 길이 규정값 범위 : 8mm 이상

TIP

- 브러시 길이 규정값 범위(8mm 이상)는 암기하세요.
- 다이오드(+) 3개, 다이오드(-) 3개, 다이오드(여자) 3개입니다.
- 다이오드(+), 다이오드(-), 다이오드(여자), 브러시 마모 넷 중 하나라도 불량이면 판정은 불량입니다.
- 다이오드(+) 및 다이오드(-) 및 다이오드(여자) 점검 결과 각각 '부'가 1개 이상이면 불량입니다.

참 고

시험 시 다이오드 개수는 차종마다 다르므로 주어진 자동차의 정비지침서를 보고 판단하는 것이 가장 정확합니다.

시험안 8

와이퍼 모터 소모전류 점검

주어진 자동차에서 와이퍼 모터를 탈거한 후(감독위원에게 확인) 다시 부착하여 와이퍼 브러시의 작동 상태를 확인하고 와이퍼 작동 시 소모전류를 점검하여 기록표에 기록하시오.

답안지작성법

후크미터로 점검하는 경우

1. 양호

Low 모드와 High 모드 모두 규정값 범위 이내인 경우

측정 항목		① 측정(또는 점검)		② 판정 및 정비(또는 조치)사항		득 점
		측정값	규정(정비한계)값	판 정 (□에 "V"표)	정비 및 조치사항	
소모 전류	Low 모드	6.3A	6.2~6.7A	☑ 양 호 □ 불 량	**정비 및 조치사항 없음**	
	High 모드	6.6A	6.2~6.7A			

2. 불량

① Low 모드는 규정값 범위 이내이고, High 모드는 규정값 범위 미만(6.2A 미만)인 경우

측정 항목		① 측정(또는 점검)		② 판정 및 정비(또는 조치)사항		득 점
		측정값	규정(정비한계)값	판 정 (□에 "V"표)	정비 및 조치사항	
소모 전류	Low 모드	6.4A	6.2~6.7A	□ 양 호 ☑ 불 량	**와이퍼 모터 교환 후 재점검**	
	High 모드	4.2A	6.2~6.7A			

② Low 모드는 규정값 범위 이내이고, High 모드는 규정값 범위 초과(6.7A 초과)인 경우

측정 항목		① 측정(또는 점검)		② 판정 및 정비(또는 조치)사항		득 점
		측정값	규정(정비한계)값	판 정 (□에 "V"표)	정비 및 조치사항	
소모 전류	Low 모드	6.5A	6.2~6.7A	□ 양 호 ☑ 불 량	**와이퍼 모터 교환 후 재점검**	
	High 모드	7.6A	6.2~6.7A			

③ Low 모드는 규정값 범위 미만(6.2A 미만)이고, High 모드는 규정값 범위 이내인 경우

측정 항목		① 측정(또는 점검)		② 판정 및 정비(또는 조치)사항		득 점
		측정값	규정(정비한계)값	판 정 (□에 "V"표)	정비 및 조치사항	
소모 전류	Low 모드	5.1A	6.2~6.7A	□ 양 호 ☑ 불 량	와이퍼 모터 교환 후 재점검	
	High 모드	6.3A	6.2~6.7A			

④ Low 모드는 규정값 범위 초과(6.7A 초과)이고, High 모드는 규정값 범위 이내인 경우

측정 항목		① 측정(또는 점검)		② 판정 및 정비(또는 조치)사항		득 점
		측정값	규정(정비한계)값	판 정 (□에 "V"표)	정비 및 조치사항	
소모 전류	Low 모드	6.9A	6.2~6.7A	□ 양 호 ☑ 불 량	와이퍼 모터 교환 후 재점검	
	High 모드	6.4A	6.2~6.7A			

⑤ Low 모드는 규정값 범위 미만(6.2A 미만)이고, High 모드는 규정값 범위 초과(6.7A 초과)인 경우

측정 항목		① 측정(또는 점검)		② 판정 및 정비(또는 조치)사항		득 점
		측정값	규정(정비한계)값	판 정 (□에 "V"표)	정비 및 조치사항	
소모 전류	Low 모드	4.8A	6.2~6.7A	□ 양 호 ☑ 불 량	와이퍼 모터 교환 후 재점검	
	High 모드	7.1A	6.2~6.7A			

⑥ Low 모드는 규정값 범위 초과(6.7A 초과)이고, High 모드는 규정값 범위 미만(6.2A 미만)인 경우

측정 항목		① 측정(또는 점검)		② 판정 및 정비(또는 조치)사항		득 점
		측정값	규정(정비한계)값	판 정 (□에 "V"표)	정비 및 조치사항	
소모 전류	Low 모드	8.2A	6.2~6.7A	□ 양 호 ☑ 불 량	와이퍼 모터 교환 후 재점검	
	High 모드	6A	6.2~6.7A			

⑦ Low 모드는 규정값 범위 미만(6.2A 미만)이고, High 모드도 규정값 범위 미만(6.2A 미만)인 경우

측정 항목		① 측정(또는 점검)		② 판정 및 정비(또는 조치)사항		득 점
		측정값	규정(정비한계)값	판 정 (□에 "V"표)	정비 및 조치사항	
소모 전류	Low 모드	6.1A	6.2~6.7A	□ 양 호 ☑ 불 량	와이퍼 모터 교환 후 재점검	
	High 모드	5.8A	6.2~6.7A			

⑧ Low 모드는 규정값 범위 초과(6.7A 초과)이고, High 모드도 규정값 범위 초과(6.7A 초과)인 경우

측정 항목		① 측정(또는 점검)		② 판정 및 정비(또는 조치)사항		득 점
		측정값	규정(정비한계)값	판 정 (□에 "v"표)	정비 및 조치사항	
소모전류	Low 모드	**7.3A**	**6.2~6.7A**	□ 양 호 ☑ 불 량	**와이퍼 모터 교환 후 재점검**	
	High 모드	**6.9A**	**6.2~6.7A**			

TIP

- 와이퍼 모터 전원선을 찾아서 후크미터를 설치하여 측정합니다. 이때 배선 뭉치가 아니라 와이퍼 모터 전원선 1가닥에 후크미터를 설치합니다.
- 소모전류 점검 전 테스터기의 영점을 조정합니다.
- Low 모드, High 모드 중 하나라도 불량이면 판정은 불량입니다.

시험안 9

경음기 음량 측정

※ 본 문제는 검사항목으로서 감독위원이 기준값을 제시하지 않습니다.

주어진 자동차에서 다기능(컴비네이션) 스위치를 교환(탈·부착)하여 스위치 작동 상태를 확인하고, 경음기 음량 상태를 점검하여 기록표에 기록하시오.

답안지작성법

〈제작연도가 1999년인 경자동차의 경우〉

1. 양호

① 경음기 음량이 기준값 범위 이내인 경우

측정 항목	① 측정(또는 점검)		② 판정 및 정비(또는 조치)사항		득 점
	측정값	기준값	판 정 (□에 "v"표)	정비 및 조치사항	
경음기 음량	**111.7dB**	**90dB** 이상 **115dB** 이하	☑ 양 호 □ 불 량	**정비 및 조치사항 없음**	

2. 불량

① 경음기 음량이 기준값 범위 미만인 경우(90dB 미만)

측정 항목	① 측정(또는 점검)		② 판정 및 정비(또는 조치)사항		득 점
	측정값	기준값	판 정 (□에 "v"표)	정비 및 조치사항	
경음기 음량	**88.2dB**	**90dB** 이상 **115dB** 이하	□ 양 호 ☑ 불 량	**경음기 교환 후 재점검**	

② 경음기 음량이 기준값 범위 초과인 경우(115dB 초과)

측정 항목	① 측정(또는 점검)		② 판정 및 정비(또는 조치)사항		득 점
	측정값	기준값	판 정 (□에 "v"표)	정비 및 조치사항	
경음기 음량	**120.6dB**	**90dB** 이상 **115dB** 이하	□ 양 호 ☑ 불 량	**경음기 교환 후 재점검**	

〈제작연도가 2018년인 중형 승용자동차의 경우〉

1. 양호

① 경음기 음량이 기준값 범위 이내인 경우

측정 항목	① 측정(또는 점검)		② 판정 및 정비(또는 조치)사항		득 점
	측정값	기준값	판 정 (□에 "v"표)	정비 및 조치사항	
경음기 음량	**97.2dB**	**90dB** 이상 **110dB** 이하	☑ 양 호 □ 불 량	**정비 및 조치사항 없음**	

2. 불량

① 경음기 음량이 기준값 범위 미만인 경우(90dB 미만)

측정 항목	① 측정(또는 점검)		② 판정 및 정비(또는 조치)사항		득 점
	측정값	기준값	판 정 (□에 "v"표)	정비 및 조치사항	
경음기 음량	**85.2dB**	**90dB** 이상 **110dB** 이하	□ 양 호 ☑ 불 량	**경음기 교환 후 재점검**	

② 경음기 음량이 기준값 범위 초과인 경우(110dB 초과)

측정 항목	① 측정(또는 점검)		② 판정 및 정비(또는 조치)사항		득 점
	측정값	기준값	판 정 (□에 "v"표)	정비 및 조치사항	
경음기 음량	**124.1dB**	**90dB** 이상 **110dB** 이하	□ 양 호 ☑ 불 량	**경음기 교환 후 재점검**	

TIP

- 감독위원이 암소음 처리에 대해 별도로 언급이 없을 경우 '측정값(dB) = 전체소음 - 암소음'입니다.
- 감독위원이 '암소음 무시'라는 조건을 제시했을 경우 '측정값(dB) = 전체소음'입니다.
- 기준값 작성 시 단위를 빠뜨리지 않고 작성합니다(예 90dB).
- 자동차 등록증에서 차대번호 10번째 자리(제작연도)를 판독하여 연식과 기준값을 작성합니다 ('최초등록일', '형식 및 연식'에 표기된 연도는 무시).

참 고

'경음기 음량 허용기준', '자동차 제작연도 표기'는 모두 암기하세요.

[경음기 음량 허용기준]

차 종	제작연도	허용기준
경자동차 승용자동차(소형·중형) 화물자동차(소형·중형)	2000년 이전 (1999년 12월 31일까지)	90dB 이상 115dB 이하
	2000년 이후 (2000년 1월 1일부터)	90dB 이상 110dB 이하

[자동차 등록증 예시]

자동차 등록증

제 2003-0720 호　　　　최초등록일 : 2018년 06월 30일

① 자동차 등록번호		90고0630	② 차 종	중형 승용	③ 용 도	자가용
④ 차 명		어코드	⑤ 형식 및 연식	FD-17GS-B5		2017
⑥ 차대번호		KMHDC51DBHU197413	⑦ 원동기 형식	G6FC		
⑧ 사용본거지						
소유자	⑨ 성명(명칭)	이고은	⑩ 주민(사업자) 등록번호	******-*******		
	⑪ 주 소	인천광역시 부평구				

자동차관리법 제8조 규정에 의하여 위와 같이 등록하였음을 증명합니다.

2018 년 06 월 30 일

인천광역시장

[자동차 제작연도 표기(자동차 등록증에서 차대번호 10번째 자리는 제작연도를 의미)]

10번째 자리	M	N	P	R	S	T	V	W	X	Y
제작연도	1991년	1992년	1993년	1994년	1995년	1996년	1997년	1998년	1999년	2000년
10번째 자리	1	2	3	4	5	6	7	8	9	A
제작연도	2001년	2002년	2003년	2004년	2005년	2006년	2007년	2008년	2009년	2010년
10번째 자리	B	C	D	E	F	G	H	J	K	L
제작연도	2011년	2012년	2013년	2014년	2015년	2016년	2017년	2018년	2019년	2020년

시험안 10

윈도 모터 전류소모 점검

주어진 자동차에서 파워 윈도 레귤레이터를 탈거한 후(감독위원에게 확인) 다시 부착하여 작동 상태를 확인 후 윈도 모터의 전류 소모시험을 하여 기록표에 기록하시오.

답안지작성법

후크미터로 점검하는 경우

1. 양호

올림 전류와 내림 전류 모두 규정값 범위 이내인 경우

측정 항목	① 측정(또는 점검)		② 판정 및 정비(또는 조치)사항		득 점
	측정값	규정(정비한계)값	판 정 (□에 "v"표)	정비 및 조치사항	
전류소모시험	올림 : **6A**	**5.8~6.2A**	☑ 양 호 □ 불 량	**정비 및 조치사항 없음**	
	내림 : **5.1A**	**4.8~5.2A**			

2. 불량

① 올림 전류는 규정값 범위 이내이고, 내림 전류는 규정값 범위 미만(4.8A 미만)인 경우

측정 항목	① 측정(또는 점검)		② 판정 및 정비(또는 조치)사항		득 점
	측정값	규정(정비한계)값	판 정 (□에 "v"표)	정비 및 조치사항	
전류소모시험	올림 : **6.1A**	**5.8~6.2A**	□ 양 호 ☑ 불 량	**윈도 모터 교환 후 재점검**	
	내림 : **4.1A**	**4.8~5.2A**			

② 올림 전류는 규정값 범위 이내이고, 내림 전류는 규정값 범위 초과(5.2A 초과)인 경우

측정 항목	① 측정(또는 점검)		② 판정 및 정비(또는 조치)사항		득 점
	측정값	규정(정비한계)값	판 정 (□에 "v"표)	정비 및 조치사항	
전류소모시험	올림 : **5.9A**	**5.8~6.2A**	□ 양 호 ☑ 불 량	**윈도 모터 교환 후 재점검**	
	내림 : **5.9A**	**4.8~5.2A**			

③ 올림 전류는 규정값 범위 미만(5.8A 미만)이고, 내림 전류는 규정값 범위 이내인 경우

측정 항목	① 측정(또는 점검)		② 판정 및 정비(또는 조치)사항		득 점
	측정값	규정(정비한계)값	판 정 (□에 "v"표)	정비 및 조치사항	
전류소모시험	올림 : **3.9A**	**5.8~6.2A**	□ 양 호 ☑ 불 량	**윈도 모터 교환 후 재점검**	
	내림 : **4.8A**	**4.8~5.2A**			

④ 올림 전류는 규정값 범위 초과(6.2A 초과)이고, 내림 전류는 규정값 범위 이내인 경우

측정 항목	① 측정(또는 점검)		② 판정 및 정비(또는 조치)사항		득 점
	측정값	규정(정비한계)값	판 정 (□에 "v"표)	정비 및 조치사항	
전류소모시험	올림 : **7.1A**	**5.8~6.2A**	□ 양 호 ☑ 불 량	**윈도 모터 교환 후 재점검**	
	내림 : **4.9A**	**4.8~5.2A**			

⑤ 올림 전류는 규정값 범위 미만(5.8A 미만)이고, 내림 전류는 규정값 범위 초과(5.2A 초과)인 경우

측정 항목	① 측정(또는 점검)		② 판정 및 정비(또는 조치)사항		득 점
	측정값	규정(정비한계)값	판 정 (□에 "v"표)	정비 및 조치사항	
전류소모시험	올림 : **5.7A**	**5.8~6.2A**	□ 양 호 ☑ 불 량	**윈도 모터 교환 후 재점검**	
	내림 : **5.5A**	**4.8~5.2A**			

⑥ 올림 전류는 규정값 범위 초과(6.2A 초과)이고, 내림 전류는 규정값 범위 미만(4.8A 미만)인 경우

측정 항목	① 측정(또는 점검)		② 판정 및 정비(또는 조치)사항		득 점
	측정값	규정(정비한계)값	판 정 (□에 "v"표)	정비 및 조치사항	
전류소모시험	올림 : **6.3A**	**5.8~6.2A**	□ 양 호 ☑ 불 량	**윈도 모터 교환 후 재점검**	
	내림 : **4.3A**	**4.8~5.2A**			

⑦ 올림 전류는 규정값 범위 미만(5.8A 미만)이고, 내림 전류도 규정값 범위 미만(4.8A 미만)인 경우

측정 항목	① 측정(또는 점검)		② 판정 및 정비(또는 조치)사항		득 점
	측정값	규정(정비한계)값	판 정 (□에 "v"표)	정비 및 조치사항	
전류소모시험	올림 : **5.2A**	**5.8~6.2A**	□ 양 호 ☑ 불 량	**윈도 모터 교환 후 재점검**	
	내림 : **3.9A**	**4.8~5.2A**			

⑧ 올림 전류는 규정값 범위 초과(6.2A 초과)이고, 내림 전류도 규정값 범위 초과(5.2A 초과)인 경우

측정 항목	① 측정(또는 점검)		② 판정 및 정비(또는 조치)사항		득 점
	측정값	규정(정비한계)값	판 정 (□에 "v"표)	정비 및 조치사항	
전류소모시험	올림 : **7.2A**	**5.8~6.2A**	□ 양 호 ☑ 불 량	**윈도 모터 교환 후 재점검**	
	내림 : **6.4A**	**4.8~5.2A**			

TIP

- 윈도 모터 올림 전원선, 내림 전원선을 찾아서 각각 후크미터를 설치하여 측정합니다. 이때 배선뭉치가 아니라 올림 전원선 1가닥, 내림 전원선 1가닥에 각각 후크미터를 설치합니다.
- 전류소모 점검 전 테스터기의 영점을 조정합니다.
- 올림 전류, 내림 전류 둘 중 하나라도 불량이면 판정은 불량입니다.

시험안 1~14

전조등 측정

※ 본 문제는 검사항목으로서 감독위원이 기준값을 제시하지 않습니다.

주어진 자동차에서 전조등 시험기로 전조등을 점검하여 기록표에 기록하시오.

답안지작성법

〈투영식(또는 스크린식) 전조등 시험기로 2등식 전조등을 측정하는 경우〉

1. 양호

① 2등식 전조등에서 좌측등의 측정광도와 측정광축이 모두 기준값 범위인 경우

① 측정(또는 점검)							② 판 정	득 점
등식 및 위치 (□에 "v"표)		점검항목		측정값	기준값		판 정 (□에 "v"표)	
등 식	위 치	측정광도		17,000cd	하향 기준	15,000cd 이상	☑ 양 호 □ 불 량	
□ 4등식 ☑ 2등식	☑ 좌 □ 우	측정광축 (□에 "v"표)	☑ 좌 □ 우	0cm	15cm 이내			
			□ 상 ☑ 하	20cm	30cm 이내			

② 2등식 전조등에서 우측등의 측정광도와 측정광축이 둘 다 기준값 범위인 경우

① 측정(또는 점검)							② 판 정	득 점
등식 및 위치 (□에 "v"표)		점검항목		측정값	기준값		판 정 (□에 "v"표)	
등 식	위 치	측정광도		15,000cd	하향 기준	15,000cd 이상	☑ 양 호 □ 불 량	
□ 4등식 ☑ 2등식	□ 좌 ☑ 우	측정광축 (□에 "v"표)	□ 좌 ☑ 우	10cm	30cm 이내			
			☑ 상 □ 하	5cm	10cm 이내			

2. 불량

① 2등식 전조등에서 좌측등의 측정광도는 기준값 범위이고, 측정광축은 기준값 범위를 벗어난 경우

① 측정(또는 점검)							② 판 정	득 점
등식 및 위치 (□에 "v"표)		점검항목		측정값	기준값		판 정 (□에 "v"표)	
등 식	위 치	측정광도		18,000cd	하향 기준	15,000cd 이상	□ 양 호 ☑ 불 량	
□ 4등식 ☑ 2등식	☑ 좌 □ 우	측정광축 (□에 "v"표)	□ 좌 ☑ 우	40cm	30cm 이내			
			☑ 상 □ 하	0cm	10cm 이내			

② 2등식 전조등에서 우측등의 측정광도는 기준값 범위를 벗어났고, 측정광축은 기준값 범위인 경우

① 측정(또는 점검)							② 판 정	득 점
등식 및 위치 (□에 "v"표)		점검항목		측정값	기준값		판 정 (□에 "v"표)	
등 식	위 치	측정광도		8,000cd	하향 기준	15,000cd 이상	□ 양 호 ☑ 불 량	
□ 4등식 ☑ 2등식	□ 좌 ☑ 우	측정광축 (□에 "v"표)	☑ 좌 □ 우	20cm	30cm 이내			
			☑ 상 □ 하	10cm	10cm 이내			

③ 2등식 전조등에서 좌측등의 측정광도와 측정광축이 모두 기준값 범위를 벗어난 경우

① 측정(또는 점검)							② 판 정	득 점
등식 및 위치 (□에 "v"표)		점검항목		측정값	기준값		판 정 (□에 "v"표)	
등 식	위 치	측정광도		10,000cd	하향 기준	15,000cd 이상	□ 양 호 ☑ 불 량	
□ 4등식 ☑ 2등식	☑ 좌 □ 우	측정광축 (□에 "v"표)	☑ 좌 □ 우	5cm	15cm 이내			
			□ 상 ☑ 하	35cm	30cm 이내			

④ 2등식 전조등에서 우측등의 측정광도와 측정광축이 모두 기준값 범위를 벗어난 경우

① 측정(또는 점검)							② 판 정	득 점
등식 및 위치 (□에 "V"표)		점검항목		측정값	기준값		판 정 (□에 "V"표)	
등 식	위 치	측정광도		6,000cd	하향 기준	15,000cd 이상	□ 양 호 ☑ 불 량	
□ 4등식 ☑ 2등식	□ 좌 ☑ 우	측정광축 (□에 "V"표)	□ 좌 ☑ 우	40cm	30cm 이내			
			☑ 상 □ 하	15cm	10cm 이내			

〈투영식(또는 스크린식) 전조등 시험기로 4등식 전조등을 측정하는 경우〉

1. 양호

① 4등식 전조등에서 좌측등의 측정광도와 측정광축이 모두 기준값 범위인 경우

① 측정(또는 점검)							② 판 정	득 점
등식 및 위치 (□에 "V"표)		점검항목		측정값	기준값		판 정 (□에 "V"표)	
등 식	위 치	측정광도		14,000cd	하향 기준	12,000cd 이상	☑ 양 호 □ 불 량	
☑ 4등식 □ 2등식	☑ 좌 □ 우	측정광축 (□에 "V"표)	☑ 좌 □ 우	15cm	15cm 이내			
			□ 상 ☑ 하	10cm	30cm 이내			

② 4등식 전조등에서 우측등의 측정광도와 측정광축이 모두 기준값 범위인 경우

① 측정(또는 점검)							② 판 정	득 점
등식 및 위치 (□에 "V"표)		점검항목		측정값	기준값		판 정 (□에 "V"표)	
등 식	위 치	측정광도		13,000cd	하향 기준	12,000cd 이상	☑ 양 호 □ 불 량	
☑ 4등식 □ 2등식	□ 좌 ☑ 우	측정광축 (□에 "V"표)	□ 좌 ☑ 우	20cm	30cm 이내			
			☑ 상 □ 하	0cm	10cm 이내			

2. 불량

① 4등식 전조등에서 좌측등의 측정광도는 기준값 범위이고, 측정광축은 기준값 범위를 벗어난 경우

① 측정(또는 점검)							② 판 정	득 점
등식 및 위치 (□에 "v"표)		점검항목		측정값	기준값		판 정 (□에 "v"표)	
등 식	위 치	측정광도		16,000cd	하향 기준	12,000cd 이상	☐ 양 호 ☑ 불 량	
☑ 4등식 ☐ 2등식	☑ 좌 ☐ 우	측정광축 (□에 "v"표)	☐ 좌 ☑ 우	35cm	30cm 이내			
			☑ 상 ☐ 하	15cm	10cm 이내			

② 4등식 전조등에서 우측등의 측정광도는 기준값 범위를 벗어났고, 측정광축은 기준값 범위인 경우

① 측정(또는 점검)							② 판 정	득 점
등식 및 위치 (□에 "v"표)		점검항목		측정값	기준값		판 정 (□에 "v"표)	
등 식	위 치	측정광도		7,000cd	하향 기준	12,000cd 이상	☐ 양 호 ☑ 불 량	
☑ 4등식 ☐ 2등식	☐ 좌 ☑ 우	측정광축 (□에 "v"표)	☑ 좌 ☐ 우	0cm	30cm 이내			
			☑ 상 ☐ 하	10cm	10cm 이내			

③ 4등식 전조등에서 좌측등의 측정광도와 측정광축이 모두 기준값 범위를 벗어난 경우

① 측정(또는 점검)							② 판 정	득 점
등식 및 위치 (□에 "v"표)		점검항목		측정값	기준값		판 정 (□에 "v"표)	
등 식	위 치	측정광도		5,000cd	하향 기준	12,000cd 이상	☐ 양 호 ☑ 불 량	
☑ 4등식 ☐ 2등식	☑ 좌 ☐ 우	측정광축 (□에 "v"표)	☑ 좌 ☐ 우	25cm	15cm 이내			
			☐ 상 ☑ 하	30cm	30cm 이내			

④ 4등식 전조등에서 우측등의 측정광도와 측정광축이 모두 기준값 범위를 벗어난 경우

<table>
<tr><th colspan="7">① 측정(또는 점검)</th><th>② 판 정</th><th rowspan="2">득 점</th></tr>
<tr><th colspan="2">등식 및 위치
(□에 "v"표)</th><th colspan="2">점검항목</th><th>측정값</th><th colspan="2">기준값</th><th>판 정
(□에 "v"표)</th></tr>
<tr><td>등 식</td><td>위 치</td><td colspan="2">측정광도</td><td>11,000cd</td><td>하향
기준</td><td><u>12,000cd</u> 이상</td><td rowspan="3">□ 양 호
☑ 불 량</td><td rowspan="3"></td></tr>
<tr><td rowspan="2">☑ 4등식
□ 2등식</td><td rowspan="2">□ 좌
☑ 우</td><td rowspan="2">측정광축
(□에 "v"표)</td><td>□ 좌
☑ 우</td><td>20cm</td><td colspan="2">30cm 이내</td></tr>
<tr><td>☑ 상
□ 하</td><td>20cm</td><td colspan="2">10cm 이내</td></tr>
</table>

TIP

- 전조등 상향빔을 작동시킵니다.
- 운전석이 좌측, 조수석이 우측입니다.
- 기준값 작성 시 단위를 빠뜨리지 않고 작성합니다(예 11,000cd, 20cm)

참 고

- 일반적으로 감독위원이 제시하는 측정조건에 따라 측정합니다.
- 만약, 별도로 측정조건에 대해 언급이 없다면 자동차를 시험기와 직각으로 마주보게 하여 투영식(또는 스크린식) 시험기와 전조등 사이 거리를 3m(집광식 시험기의 경우 1m 간격)로 유지시킵니다. 그리고 1인이 승차하여 엔진 시동 후 전조등 상향빔을 작동시켜 엔진 회전수 약 2,000rpm에서 광도를 측정합니다.
- 일반적으로 시험 시 투영식(또는 스크린식) 전조등 시험기 및 세미 실드빔 타입(전구만 교체 가능) 자동차로 많이 출제하며, 엔진 시동 후 전조등 상향빔을 작동시켜 공회전 상태에서 광도를 측정합니다.
- '전조등 광도·광축 허용기준'은 암기하세요.

[전조등 광도·광축 허용기준]

<table>
<tr><th colspan="2">항 목</th><th>기준값</th></tr>
<tr><td rowspan="2">주광축 좌·우 진폭</td><td>좌측등</td><td>좌 : 15cm 이내
우 : 30cm 이내</td></tr>
<tr><td>우측등</td><td>좌 : 30cm 이내
우 : 30cm 이내</td></tr>
<tr><td rowspan="2">주광축 상·하 진폭</td><td>좌측등</td><td rowspan="2">상 : 10cm 이내
하 : 30cm 이내</td></tr>
<tr><td>우측등</td></tr>
<tr><td rowspan="2">광 도</td><td>2등식</td><td>15,000cd 이상</td></tr>
<tr><td>4등식</td><td>12,000cd 이상</td></tr>
</table>

시험안 1

ETACS 감광식 룸램프 점검

주어진 자동차에서 감광식 룸램프 기능이 작동 시 편의장치(ETACS 또는 ISU) 커넥터에서 작동 전압의 변화를 측정하고 이상여부를 확인하여 기록표에 기록하시오.

답안지작성법

룸 램프 전구는 정상인 경우

감광식 룸램프 파형

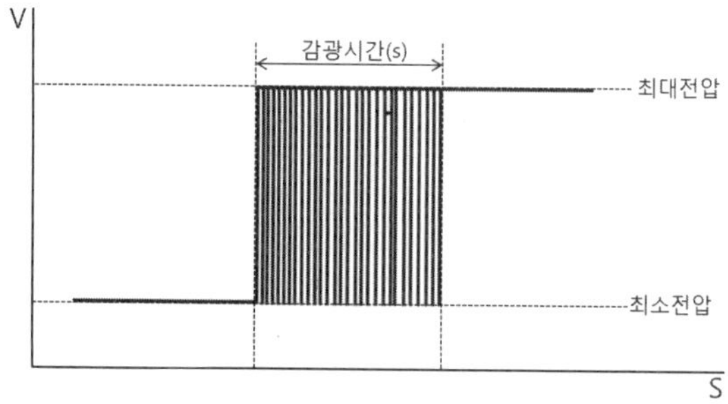

1. 양호

감광식 룸램프 기능이 작동하고(육안검사로 확인), 전압(V) 변화가 발생하는 경우

측정 항목	① 측정(또는 점검)		② 판정 및 정비(또는 조치)사항		득 점
	감광시간	전압(V)변화	판 정 (□에 "v"표)	정비 및 조치사항	
작동 변화	**5.6s**	**0.13V → 12.24V**	☑ 양 호 □ 불 량	**정비 및 조치사항 없음**	

2. 불량

감광식 룸램프 기능이 작동하지 않고(육안검사로 확인), 전압(V) 변화가 없는 경우

측정 항목	① 측정(또는 점검)		② 판정 및 정비(또는 조치)사항		득 점
	감광시간	전압(V)변화	판 정 (□에 "v"표)	정비 및 조치사항	
작동 변화	**0s**	**0.13V → 0.13V**	□ 양 호 ☑ 불 량	**에탁스 교환 후 재점검**	

TIP

- 측정값 작성 시 단위를 빠뜨리지 않고 작성합니다(예 5.6s, 12.24V).
- 감광시간, 전압(V) 변화 둘 중 하나라도 불량이면 판정은 불량입니다.

참 고

- 만약, 감독위원이 별도로 기준값에 대해 언급이 없을 경우 감광식 룸램프 기능이 작동(육안검사로 확인)하고 전압 변화(0V → 12V)가 발생하면 양호로 판단하며, 이때의 감광시간과 전압(V) 변화를 작성합니다.
- 파형의 형상 및 최대전압, 최소전압, 주기(또는 시간)는 차종마다 다르므로 주어진 자동차의 정비지침서를 보고 판단하는 것이 가장 정확합니다.

시험안 2, 9

센트럴 도어 록킹 스위치 작동신호 측정

주어진 자동차에서 센트럴 도어 록킹(도어 중앙잠금장치) 스위치 조작 시 편의장치(ETACS 또는 ISU) 및 운전석 도어모듈(DDM) 커넥터에서 작동신호를 측정하고 이상여부를 확인하여 기록표에 기록하시오.

답안지작성법

1. 양호

잠김과 풀림 모두 규정값 범위 이내인 경우

측정 항목		① 측정(또는 점검)		② 판정 및 정비(또는 조치)사항		득 점
		측정값	규정(정비한계)값	판 정 (□에 "v"표)	정비 및 조치사항	
도어 중앙잠금장치 신호(전압)	잠 김	ON : **0.12V**	ON : **1.2V 이하**	☑ 양 호 □ 불 량	**정비 및 조치사항 없음**	
		OFF : **12.41V**	OFF : **8V 이상**			
	풀 림	ON : **0.15V**	ON : **0.3V 이하**			
		OFF : **12.38V**	OFF : **8V 이상**			

2. 불량

① 잠김이 규정값 범위 이내이고, 풀림이 규정값 범위를 벗어난 경우

측정 항목		① 측정(또는 점검)		② 판정 및 정비(또는 조치)사항		득 점
		측정값	규정(정비한계)값	판 정 (□에 "v"표)	정비 및 조치사항	
도어 중앙잠금장치 신호(전압)	잠 김	ON : **0.26V**	ON : **1.2V 이하**	□ 양 호 ☑ 불 량	**에탁스 교환 후 재점검**	
		OFF : **12.37V**	OFF : **8V 이상**			
	풀 림	ON : **12.35V**	ON : **0.3V 이하**			
		OFF : **12.35V**	OFF : **8V 이상**			

② 잠김이 규정값 범위를 벗어났고, 풀림이 규정값 범위 이내인 경우

측정 항목		① 측정(또는 점검)		② 판정 및 정비(또는 조치)사항		득 점
		측정값	규정(정비한계)값	판 정 (□에 "v"표)	정비 및 조치사항	
도어 중앙잠금장치 신호(전압)	잠 김	ON : **0.08V**	ON : **1.2V 이하**	□ 양 호 ☑ 불 량	**에탁스 교환 후 재점검**	
		OFF : **0.08V**	OFF : **8V 이상**			
	풀 림	ON : **0.21V**	ON : **0.3V 이하**			
		OFF : **12.02V**	OFF : **8V 이상**			

③ 잠김과 풀림 모두 규정값 범위를 벗어난 경우

측정 항목		① 측정(또는 점검)		② 판정 및 정비(또는 조치)사항		득 점
		측정값	규정(정비한계)값	판 정 (□에 "v"표)	정비 및 조치사항	
도어 중앙잠금장치 신호(전압)	잠 김	ON : **12.17V**	ON : **1.2V 이하**	□ 양 호 ☑ 불 량	**에탁스 교환 후 재점검**	
		OFF : **12.17V**	OFF : **8V 이상**			
	풀 림	ON : **0.14V**	ON : **1.2V 이하**			
		OFF : **0.14V**	OFF : **8V 이상**			

TIP

- 측정값 작성 시 단위를 빠뜨리지 않고 작성합니다(예 0.15V).
- 잠김, 풀림 둘 중 하나라도 불량이면 판정은 불량입니다.

참 고

• 잠김, 풀림 시 ON·OFF 의미

잠김	ON	도어 록 릴레이 제어선에서 도어 록/언록 스위치를 록으로 눌렀을 때 전압
	OFF	도어 록 릴레이 제어선에서 도어 록/언록 스위치를 록으로 눌렀다가 뗐을 때 전압
풀림	ON	도어 언록 릴레이 제어선에서 도어 록/언록 스위치를 언록으로 눌렀을 때 전압
	OFF	도어 언록 릴레이 제어선에서 도어 록/언록 스위치를 언록으로 눌렀다가 뗐을 때 전압

• 잠김, 풀림 시 ON·OFF 전압은 차종마다 다르므로 주어진 자동차의 정비지침서를 보고 판단하는 것이 가장 정확합니다.

시험안 3, 8

에어컨 외기온도 입력 신호값 점검

주어진 자동차의 전자동 에어컨 회로에서 외기온도 입력 신호값을 점검하여 이상여부를 확인하여 기록표에 기록하시오.

답안지작성법

멀티미터로 측정하는 경우

1. 양호

입력전압이 규정값 범위 이내인 경우

측정 항목	① 측정(또는 점검)		② 판정 및 정비(또는 조치)사항		득 점
	측정값	규정(정비한계)값	판 정 (□에 "v"표)	정비 및 조치사항	
외기온도 입력 신호값	**2.5V**	**2.2~2.8V**	☑ 양 호 □ 불 량	**정비 및 조치사항 없음**	

2. 불량

① 입력전압이 규정값 범위 미만인 경우(2.2V 미만)

측정 항목	① 측정(또는 점검)		② 판정 및 정비(또는 조치)사항		득 점
	측정값	규정(정비한계)값	판 정 (□에 "v"표)	정비 및 조치사항	
외기온도 입력 신호값	**0V**	**2.2~2.8V**	□ 양 호 ☑ 불 량	**외기온도센서 교환 후 재점검**	

② 입력전압이 규정값 범위 초과인 경우(2.8V 초과)

측정 항목	① 측정(또는 점검)		② 판정 및 정비(또는 조치)사항		득 점
	측정값	규정(정비한계)값	판 정 (□에 "v"표)	정비 및 조치사항	
외기온도 입력 신호값	**3.7V**	**2.2~2.8V**	□ 양 호 ☑ 불 량	**외기온도센서 교환 후 재점검**	

TIP

- 측정값 작성 시 단위를 빠뜨리지 않고 작성합니다(예 0V).

시험안 4, 12, 13

ETACS 열선 스위치 입력신호 측정

주어진 자동차에서 열선 스위치 조작 시 편의장치(ETACS 또는 ISU) 커넥터에서 스위치 입력신호(전압)를 측정하고 이상여부를 확인하여 기록표에 기록하시오.

답안지작성법

1. 양호

열선 스위치 ON·OFF 시, 전압 변화가 발생하는 경우

측정 항목	① 측정(또는 점검)		② 판정 및 정비(또는 조치)사항		득 점
	측정값	내용 및 상태	판 정 (□에 "v"표)	정비 및 조치사항	
열선 스위치 작동 시 전압	**ON : 0.08V** **OFF : 4.81V**	**이상 없음**	☑ 양 호 □ 불 량	**정비 및 조치사항 없음**	

2. 불량

열선 스위치 ON·OFF 시, 전압 변화가 발생하지 않는 경우

측정 항목	① 측정(또는 점검)		② 판정 및 정비(또는 조치)사항		득 점
	측정값	내용 및 상태	판 정 (□에 "v"표)	정비 및 조치사항	
열선 스위치 작동 시 전압	**ON : 4.79V** **OFF : 4.79V**	**열선 스위치 ON 시 전압 변화 없음(OFF 시와 전압 같음)**	□ 양 호 ☑ 불 량	**열선 스위치 교환 후 재점검**	

TIP

◎ 측정값 작성 시 단위를 빠뜨리지 않고 작성합니다(예 0.08V).

참 고

- 만약, 감독위원이 별도로 기준값에 대해 언급이 없을 경우 열선 스위치 ON·OFF 시 전압 변화(0V ⇄ 5V 또는 0V ⇄ 12V)가 발생하면 양호로 판단하며, 이때 ON·OFF 시 전압을 작성합니다.
- 열선 스위치 ON·OFF 시 전압은 차종마다 다르므로 주어진 자동차의 전장회로도를 보고 판단하는 것이 가장 정확합니다.

시험안 5, 11, 14

와이퍼 간헐 스위치 신호 측정

주어진 자동차에서 와이퍼 간헐(INT) 시간조정 스위치 조작 시 편의장치(ETACS 또는 ISU) 커넥터에서 스위치 신호(전압)를 측정하고, 이상여부를 확인하여 기록표에 기록하시오.

답안지작성법

1. 양호

INT 스위치 ON·OFF 시 전압 변화가 발생하고, INT 볼륨을 FAST~SLOW로 조절 시 전압 변화(12V~0V 또는 5V~0V)가 발생하는 경우

점검 항목		① 측정(또는 점검)	② 판정 및 정비(또는 조치)사항		득 점
			판 정 (□에 "v"표)	정비 및 조치사항	
와이퍼 간헐 시간조정 스위치 위치별 작동신호	INT 스위치 전압	ON : **12.23V** OFF : **0.15V**	☑ 양 호 □ 불 량	**정비 및 조치사항 없음**	
	INT 스위치 위치별 전압	FAST(빠름)~SLOW(느림) 전압기록 - 전압 : **4.81V ~ 0.25V**			

2. 불량

① INT 스위치 ON·OFF 시 전압 변화가 발생하고, INT 볼륨을 FAST~SLOW로 조절 시 전압 변화(12V~0V 또는 5V~0V)가 발생하지 않는 경우

점검 항목		① 측정(또는 점검)	② 판정 및 정비(또는 조치)사항		득 점
			판 정 (□에 "v"표)	정비 및 조치사항	
와이퍼 간헐 시간조정 스위치 위치별 작동신호	INT 스위치 전압	ON : **11.98V** OFF : **0.34V**	□ 양 호 ☑ 불 량	**와이퍼 스위치 교환 후 재점검**	
	INT 스위치 위치별 전압	FAST(빠름)~SLOW(느림) 전압기록 - 전압 : **0.61V ~ 0.25V**			

TIP

- 측정값 작성 시 단위를 빠뜨리지 않고 작성합니다(예 0.15V).
- INT 스위치 전압, INT 스위치 위치별 전압 둘 중 하나라도 불량이면 판정은 불량입니다.

참 고

- 만약, 감독위원이 별도로 기준값에 대해 언급이 없을 경우 INT 스위치 ON·OFF 시 전압 변화(0V ⇄ 12V 또는 0V ⇄ 5V)가 발생하고 INT 볼륨을 FAST~SLOW로 조절 시 전압 변화(12V ~ 0V 또는 5V ~ 0V)가 발생하면 양호로 판단하며, 각각 전압을 작성합니다.
- 와이퍼 간헐 시간조정 스위치 위치별 작동신호(전압)는 차종마다 다르므로 주어진 자동차의 전장회로도를 보고 판단하는 것이 가장 정확합니다.

시험안 6

ETACS 점화 키 홀 조명 출력신호 측정

주어진 자동차에서 점화 키 홀 조명 기능이 작동 시 편의장치(ETACS 또는 ISU) 커넥터에서 출력신호(전압)를 측정하고, 이상여부를 확인하여 기록표에 기록하시오.

답안지작성법

점화 키 홀 조명 전구는 정상인 경우

1. 양호

Key를 꽂지 않았을 때, 어떤 도어를 열어도 점화 키 홀 조명이 작동하고(육안검사로 확인), 전압 변화가 발생하는 경우

측정 항목	① 측정(또는 점검)	② 판정 및 정비(또는 조치)사항		득 점
		판 정 (□에 "v"표)	정비 및 조치사항	
점화 키 홀 조명 출력 신호(전압)	작동 시 : **0.11V** 비작동 시 : **12.13V**	☑ 양 호 ☐ 불 량	**정비 및 조치사항 없음**	

2. 불량

① Key를 꽂지 않았을 때, 특정 도어를 열었을 시 점화 키 홀 조명이 작동하지 않고(육안검사로 확인), 전압 변화가 발생하지 않는 경우

측정 항목	① 측정(또는 점검)	② 판정 및 정비(또는 조치)사항		득 점
		판 정 (□에 "v"표)	정비 및 조치사항	
점화 키 홀 조명 출력 신호(전압)	작동 시 : **11.86V** 비작동 시 : **11.86V**	☐ 양 호 ☑ 불 량	**해당 도어 스위치 교환 후 재점검**	

② Key를 꽂지 않았을 때, 어떤 도어를 열어도 점화 키 홀 조명이 작동하지 않고(육안검사로 확인), 전압 변화가 발생하지 않는 경우

측정 항목	① 측정(또는 점검)	② 판정 및 정비(또는 조치)사항		득 점
		판 정 (□에 "v"표)	정비 및 조치사항	
점화 키 홀 조명 출력 신호(전압)	작동 시 : **12.27V** 비작동 시 : **12.27V**	☐ 양 호 ☑ 불 량	**에탁스 교환 후 재점검**	

TIP

◎ 측정값 작성 시 단위를 빠뜨리지 않고 작성합니다(예 11.86V).

참 고

- 만약, 감독위원이 별도로 기준값에 대해 언급이 없을 경우,점화 키 홀 조명 작동·비작동 시 전압 변화 (0V ⇄ 12V)가 발생하면 양호로 판단하며, 이때 작동·비작동 시 전압을 작성합니다.
- 점화 키 홀 조명 작동·비작동 시 전압은 차종마다 다르므로 주어진 자동차의 전장회로도를 보고 판단하는 것이 가장 정확합니다.

시험안 7

에어컨 이베퍼레이터(증발기) 온도센서 출력값 점검

주어진 자동차의 에어컨 회로에서 컴프레서가 작동 중일 때 이베퍼레이터(증발기) 온도센서 출력값을 점검하여 이상여부를 확인하여 기록표에 기록하시오.

답안지작성법

멀티미터로 측정하는 경우

1. 양호

출력전압이 규정값 범위 이내인 경우

측정 항목	① 측정(또는 점검)		② 판정 및 정비(또는 조치)사항		득 점
	측정값	규정(정비한계)값	판 정 (□에 "v"표)	정비 및 조치사항	
이베퍼레이터 온도센서 출력값	**2.6V**	**2.4~2.9V**	☑ 양 호 ☐ 불 량	**정비 및 조치사항 없음**	

2. 불량

① 출력전압이 규정값 범위 미만인 경우(2.4V 미만)

측정 항목	① 측정(또는 점검)		② 판정 및 정비(또는 조치)사항		득 점
	측정값	규정(정비한계)값	판 정 (□에 "v"표)	정비 및 조치사항	
이베퍼레이터 온도센서 출력값	**1.1V**	**2.4~2.9V**	☐ 양 호 ☑ 불 량	**이베퍼레이터 온도센서 교환 후 재점검 또는 핀 서모센서 교환 후 재점검**	

② 출력전압이 규정값 범위 초과인 경우(2.9V 초과)

측정 항목	① 측정(또는 점검)		② 판정 및 정비(또는 조치)사항		득 점
	측정값	규정(정비한계)값	판 정 (□에 "v"표)	정비 및 조치사항	
이베퍼레이터 온도센서 출력값	**3.2V**	**2.4~2.9V**	☐ 양 호 ☑ 불 량	**이베퍼레이터 온도센서 교환 후 재점검 또는 핀 서모센서 교환 후 재점검**	

TIP

- 측정값 작성 시 단위를 빠뜨리지 않고 작성합니다(예 3.2V).
- 이베퍼레이터 온도센서 출력전압 측정조건은 감독위원이 제시한 조건을 따릅니다.

참 고

일반적으로 시험 시 에어컨을 작동시키지 않고 현재 온도(현재 이베퍼레이터 코어 핀 온도) 기준으로 출력 전압을 측정합니다.

시험안 10

ETACS 전원 전압 점검

주어진 자동차의 편의장치(ETACS 또는 ISU) 커넥터에서 전원 전압을 점검하여 이상여부를 확인하여 기록표에 기록하시오.

답안지작성법

멀티미터로 측정하는 경우

1. 양호

+(상시전원), −(접지), IG(ON/START 전원) 모두 규정값 범위 이내인 경우

측정 항목		① 측정(또는 점검)		② 판정 및 정비(또는 조치)사항		득 점
		측정값	규정(정비한계)값	판 정 (□에 "v"표)	정비 및 조치사항	
컨트롤 유닛의 기본 입력전압	+	12.2V	11.5~12.6V	□ 양 호 ☑ 불 량	정비 및 조치사항 없음	
	−	0.1V	0~0.3V			
	IG	11.9V	11.3~12.4V			

2. 불량

① +(상시전원)과 −(접지)가 규정값 범위 이내이고, IG(ON/START 전원)가 규정값 범위를 벗어난 경우

측정 항목		① 측정(또는 점검)		② 판정 및 정비(또는 조치)사항		득 점
		측정값	규정(정비한계)값	판 정 (□에 "v"표)	정비 및 조치사항	
컨트롤 유닛의 기본 입력전압	+	12.3V	11.5~12.6V	□ 양 호 ☑ 불 량	에탁스 교환 후 재점검	
	−	0V	0~0.3V			
	IG	0V	11.3~12.4V			

② +(상시전원)가 규정값 범위를 벗어났고 −(접지)가 규정값 범위 이내이며, IG(ON/START 전원)가 규정값 범위 이내인 경우

측정 항목		① 측정(또는 점검)		② 판정 및 정비(또는 조치)사항		득 점
		측정값	규정(정비한계)값	판 정 (□에 "V"표)	정비 및 조치사항	
컨트롤 유닛의 기본 입력전압	+	**0V**	**11.5~12.6V**	□ 양 호 ☑ 불 량	**에탁스 교환 후 재점검**	
	-	**0V**	**0~0.3V**			
	IG	**11.7V**	**11.3~12.4V**			

③ +(상시전원)가 규정값 범위를 벗어났고 −(접지)가 규정값 범위 이내이며, IG(ON/START 전원)가 규정값 범위를 벗어난 경우

측정 항목		① 측정(또는 점검)		② 판정 및 정비(또는 조치)사항		득 점
		측정값	규정(정비한계)값	판 정 (□에 "V"표)	정비 및 조치사항	
컨트롤 유닛의 기본 입력전압	+	**0V**	**11.5~12.6V**	□ 양 호 ☑ 불 량	**에탁스 교환 후 재점검**	
	-	**0V**	**0~0.3V**			
	IG	**0V**	**11.3~12.4V**			

TIP

- 측정값 작성 시 단위를 빠뜨리지 않고 작성합니다(예 0V).
- +(상시전원), −(접지), IG(ON/START 전원) 전압 중 하나라도 불량이면 판정은 불량입니다.

MEMO

MEMO

핵심노트 자동차정비기능사 산업기사 실기 답안지 작성법

발 행 일 2023년 2월 5일 개정판 1쇄 인쇄
2023년 2월 10일 개정판 1쇄 발행

저자협의 인지생략

저 자 윤흥수

발 행 처 크라운출판사 http://www.crowncbook.com

발 행 인 李尙原

신고번호 제 300-2007-143호

주 소 서울시 종로구 율곡로13길 21

공 급 처 (02) 765-4787, 1566-5937, (080) 850~5937

전 화 (02) 745-0311~3

팩 스 (02) 743-2688, 02) 741-3231

홈페이지 www.crownbook.co.kr

I S B N 978-89-406-4658-8 / 13550

특별판매정가 16,000원

이 도서의 문의를 편집부(02-744-4959)로 연락주시면
친절하게 응답해 드립니다.